다양성을 엮다

파국 앞에 선 인간을 위한 생태계 가이드

강호정

생태계를 연구하는 생태학자. 내륙습지를 비롯해 연안습지, 산림, 영구동토층, 사막, 농경지 등 다양한 생태계의 토양에 존재하는 미생물들과 기후변화의 관계를 연결 짓는 연구를 수행해 오며『네이처Nature』지와 그 자매지에 실린 4편을 포함하여 현재까지 110여 편의 논문을 발표했다. 대중과 과학의 소통을 돕는 데 관심이 많아 주요 일간지에 과학 칼럼을 장기간 연재하기도 했다. 위스콘신 대학교 메디슨 캠퍼스의 박사후 연구원, 이화여대 환경공학과 교수를 역임하고 현재 연세대학교 공과대학 사회환경시스템공학부 교수로 재직 중이며『생태공학Ecological Engineering』의 부편집장을 비롯해서 관련 분야 주요 국제학술지의 편집위원으로도 활동하고 있다. 주요 저서로『와인에 담긴 과학』,『과학 글쓰기를 잘하려면 기승전결을 버려라』,『지식의 통섭』(공저) 등이 있다.

강호정 지음

다양성을
엮다

파국 앞에 선 인간을 위한
생태계 가이드

이음

차례

일러누기

이 책에 나오는 인명이나 지명을 비롯한 외국어 표기는 국립국어원의 외래어 표기법에 따랐으나 학계에서 관용적으로 쓰이는 일부는 학계에서 표기하는 대로 따랐다.

환경 위기와 생태학

여름철 집중 호우, 산사태와 산불, 북극 기류의 변화로 인한 겨울철 한파, 미세 플라스틱 오염, 잊을 만하면 일어나는 남해안 양식장의 적조 등 최근 들어 다양한 규모에 걸쳐 인간의 건강과 안위를 직접적으로 위협하는 환경 문제가 늘어나고 있다. 2020년을 강타한 코로나 바이러스는 이러한 변화를 가장 잘 보여주는 사례다. 코로나 바이러스 사태는 무엇이든 할 수 있을 것 같았던 인간이 사실은 자연 속에서 무능력한 존재라는 점을 다시 일깨워줬다.

　인간이 환경 문제로 어려움을 겪을 때마다 길을 제시했던 것은 생태학, 특히 그중에서도 생태계를 연구하는 것이었다. 1935년, 아서 탠슬리Arthur Tansley가 생태계Ecosystem라는 용어를 최초로 학술지에 소개한 이래 생태계는 생태학 연구의 핵심 개념으로 자리 잡아 여러 가지 환경 위기를 이해하고 관련된 해법을 고안하는 데 결정적인 도움을 줬다. 예를 들어, 호수에서 일어나는 인Phosphorus의 순환에 대한 생태계 연구는 호수 수질이 악화되는 부영양화Eutrophication의 원인을 규명하고 관련된 해결책을 제시하는 데 큰 역할을 담당했다. 또 1960년대부터 북유럽 청정 지역의 숲이 갑자기 쇠퇴하는 이유가 산성비 때문이고, 더 나아가 산성비가 하천의 생태계까지 파괴한다는 것을 밝혀낸 것도 생태계 연구 덕분이었다. 따라서 현재 우리가 직면한 여러 가지 환경 문제를 해결하기 위해서도 그 문제들의 기저에 깔려 있는 과학적 기작을 이해하는 일이 필수적이며, 특히 생태계 개념을 중심으로 한 관점이 필요하다는 것이 생태계를 연구하는 생태학자인 나의 주장이다.

하지만 우리나라에서 생태학과 '생태계'라는 말이 어떻게 인식되고 사용되는지 살펴보면 갈 길이 멀어 보인다. 한국에서 생태계는 무언가 불평등한 상황에서 약자들을 보호하고 모두가 공존할 수 있는 이상적인 개념으로 사용되는 경우가 많다. 즉 상생이나 공존이라는 개념을 내포하고 있는 특정 분야의 장場을 의미하는 것이다. 생태학과 관련 없는 사람들만의 문제는 아니다. 환경론자 혹은 생태 중심주의적 사고를 하는 사람들의 경우에도 생태계를 기계적으로 설명되지 않는 복잡계 혹은 유기체라는 의미로 사용하고 있다. 더 나아가 자연의 이상적인 체계, 예를 들자면 정치적인 '유토피아'에 해당하는 의미로까지 확장하여 받아들이는 듯하다. 이는 생태학이 '모든 것을 반대하는' 환경 운동 단체의 이미지를 가지고 있는 것과도 관련이 있다. 개발과 보호로 이분화되는 수많은 논쟁에서 생태학은 늘 보호를 주장하는 쪽의 근거로 단순하게 여겨지기 때문이다.

국내 과학계에서의 생태학의 위치도 애매하다. 앞서 말했듯 생태학은 호수의 부영양화, 산성비의 피해, 열대우림의 파괴, 연안의 적조, 기후변화의 영향 등을 이해하고 해결하는 데 핵심적인 역할을 담당해왔다. 이러한 이유로 구미歐美에서 '환경 문제'를 다루는 전문 학문 분야는 '환경공학'과 '환경생태학'이 팽팽한 균형을 이루며 발전해왔다. 대학 입시에서부터 생물학이 분자생물학과 생태학이라는 두 축으로 분리되어 있는 모습은 미국에서의 생태학의 위상을 잘 보여준다. 이에 비해 우리나라에서 생태학이란 국립대 생물학과 수십 명의 교수진에 '깍두기'처럼 한두 명 끼어 들어가 있는 전공이고, 환경 문제의 해결책을 제시하는 데 있어서도 이렇다 할 기여를 못하고 있다. 다행히 '국립생태원'이라는 기관이 설립되어 생태학 연구와 교육 전시의 역할을 담당하고 있는 것은 고무적이다.

생태학과 생태계 개념이 이렇게 우리나라에서 단편적으로 해석되고, 그 위상도 서양에 비해 높지 않은 이유 중 하나는 생태학이 환경 문제를 해결하는 핵심적인 학문이라는 믿음을 주는 데 실패했기 때문이다. 그리고 그 근저에는 '생태계'에 대한 정확한 이해와 깊이 있는 연구가 부족하다는 문제점이 자리하고 있다. 오독된 생태계 개념은 대중에게 오해와 비과학적 논의를 불러일으킬 수 있다. 나는 생태계를 주로 연구하는 '생태계 생태학자'로서 이러한 현실을 우려해왔다. 또한 생태학 공부를 원하고 생태계가 뭔지 더 알고 싶어 하는 공대나 사회과학대학 학생들의 방문을 받거나 지도를 하게 되었을 때 입문서로 적절한 생태계생태학 책 한 권 소개할 수 없다는 사실에 큰 부끄러움과 책임감을 느꼈다. 이 두 가지가 책을 쓰게 된 동기다.

이 책은 생태계 개념의 유래에서 시작하여 그 역사적 전개 과정을 살펴보고 구체적으로 생태계 연구자들이 수행하고 있는 주요 연구 내용은 무엇이며, 실제 여러 가지 생태계가 가지고 있는 특성들은 어떤지 살펴본다. 또 '물질 순환'과 '에너지 흐름'이라는 개념에서 시작된 생태계 연구가 '인류세', '시스템의 파국', '다양성의 가치' 등과 같이 대중들에게 익숙하면서도 우리 사회와 밀접하게 연관된 주제들에 대해서 어떤 함의와 아이디어를 제공하는지 알아보고자 한다. 최종장에 이르러서는 인간 Homo sapiens이라는 종의 번성이 전 지구적인 수준에서 생태계에 어떠한 부정적인 영향을 미치고 있는지, 인간의 고유한 위치를 고려한 새로운 생태계 개념은 가능한지 탐구해보는 것으로 이야기를 마무리하고자 한다.

다양한 배경을 가진 이들이 어렵지 않게 이 책을 읽어볼 수 있기를 기대한다. 이를 위해서 신문 칼럼 수준의 평이한 내용으로 시작해, 최근 들어 생태학자들 사이에 논의되고 있는 최첨단 논쟁까지 다루어보려고 노력했다. 어떤 이에게는 너무 쉽게 느껴질 수도 있겠고, 또 다른 이에게는 너무 전문적인 논의일 수도 있을 것 같다. 아무쪼록 최대한 다양한 독자들이 이 책을 읽은 후 생태계를 과학적으로 이해하게 됨과 동시에 '생태계'에 대한 자신만의 견해가 생기고, 그 견해와 함께 각자의 분야에서 새로운 질문을 던질 수 있기를 바란다. 더불어 이 책을 통해 우리가 오늘 이 땅에서 직면하고 있는 문제들을 좀 더 새로운 시각에서 살펴볼 수 있게 되길 기대한다.

오래전부터 여러 신문에 기고했던 글들이 이 책 내용의 기반이 되었다. 학부의 '생태공학' 수업이나 공학대학원의 '생태계의 이해와 응용' 수업에서 좋은 피드백을 준 수강생들의 자극도 큰 도움이 되었다. 특히 나와 함께 일했고 지금도 같은 길을 가고 있는 많은 포닥, 대학원생, 그리고 국내외 공동 연구자들에게 감사의 뜻을 표하고 싶다. 또 책의 준비에서 완성 과정까지 많은 조언과 편집 작업을 진행해준 주일우 박사, 이음출판사의 김소원 편집자에게도 감사드린다.

생태계생태학의 기본 원리 중 하나인 '생태계의 구성 요소들은 서로 상호 작용한다는 것'을 내 가족들을 통해서 확인하며

살고 있다. 나에게 끊임없이 영감과 지적 자극을 주고 있는 아
내 민경과 딸 지영에게 크게 감사하다는 말로 서문을 마무리 짓
는다.

제 1 장

생태학자의 생태계:
생태계의 기원과 발전

생태학이라는 학문의 시작점을 말하기에 앞서, 내가 본격적인 생태계 연구를 시작한 계기를 언급하고 싶다. 나의 생태계 연구는 이탄습지에서 시작되었다. 아마도 우리나라 사람들에게는 소설 『폭풍의 언덕Wuthering Heights』으로 설명하는 게 더 익숙할 것이다. 그 소설에서 황무지로 묘사된 땅, 그리고 캐서린이 죽어 묻힌 땅이 바로 이탄습지이다. 관광할 풍경도 없고 농지로 사용되지도 않아서 대부분의 사람들은 이 땅에 관심이 없다. 하지만 내게는 이 땅이 특별했다. 이탄습지에는 스패그넘Sphagnum이라 불리는 이끼류들만이 자라는 독특한 생태계가 있는데, 당시 나는 스패그넘 낙엽은 왜 썩지 않는가를 미생물의 관점에서 살펴보려고 했다. 낙엽이 썩고 안 썩고가 왜 그렇게 중요한 문제냐 묻는다면, 이탄지에는 분해되지 않고 쌓인 유기물이 지구 전체의 토양 유기물 양의 2/3 이상이 될 것으로 추정되기 때문이다(Nichols and Peteet, 2019). 나는 일반 사람들은 관심을 갖지 않는 이 땅의 미생물 활성도가 기후변화를 일으키는 온난화 기체 발생에 어떤 영향을 미치고, 거꾸로 기후변화가 이 미생물에 어떤 영향을 미치는지가 궁금했다.

초기에 생태계라는 개념을 만들어내는 데 기여한 연구자들도 어쩌면 이런 길을 걸었을지 모르겠다. '생태학Ecology'이라는 말이 없던 때부터 자연에 존재하는 식물이나 동물들의 생물학적인 특성에 관심을 가지고 연구하던 초기 생태학자들은 점차 생물학과는 또 다른, 이전에 없던 독립적인 학문 체계가 필요하다는 것을 느꼈을 것이다. 단순히 자연에 대한 정보를 교양 정도로 생각하거나 먼 식민지 땅에서 가져온 희귀한 동식물 시료에 갈채를 보내는 대중들과 달리, 그들이 바라보는 자연은 체계적이었으며 진지한 연구의 대상이었다. 그리하여 그들은 '생태학'이라는 학문 체계를 구축했고, 동시에 다른 자연과학 세분야나 공학과 어깨를 나란히 할 수 있는 새로운 용어를 고민하게 되었다. 이 출발점에 대해서 이제 살펴보기로 하자.

'생태계Ecosystem' 용어의 등장

'IT 생태계', '중소기업 생태계', '시장 생태계' 등 최근 들어서 '생태계'란 용어가 생물학이나 환경학 분야보다도 다른 학문이나 체계에 더 널리 사용되고 있다. 용어를 특정 분야에서 배타적으로 사용할 필요는 없지만, 엄연히 한 학문의 중심이 되는 개념이 명확한 정의나 이해 없이 뜬구름 잡는 얘기처럼 사용되는 것이 생태계를 연구하는 생태학자로서 걱정스럽기도 하다. 정권마다 내걸었던 '녹색성장', '창조경제', '4차 산업혁명' 등의 용어가 정치적 구호로 그쳤을 뿐 아니라, 과학 기술계의 효율적인 자원 배분에 오히려 방해가 되었던 경험들 때문이다. 그렇다면, 우리가 별 생각 없이 사용하는 '생태계'란 정확히 무엇인가? 생태계라는 용어를 잘 이해하려면, 그 용어가 어떻게 탄생했으며 실제 이 분야 연구자들은 이 개념을 연구에 어떻게 적용시키는지를 살펴보고, 최종적으로 생태학에서 말하는 생태계 개념의 함의는 무엇인지를 고민해봐야만 한다. 그러기 위해서는 생태계 개념이 유래된 생태학Ecology이라는 학문 분야의 출발과 발전부터 이해해야 한다. 생태학사History of Ecology는 독립적인 책 한 권이 될 수 있는 긴 이야기이니 여기에서는 생태계 개념의 발전을 이해하기 위한 배경 설명 정도로 간략히 살펴보고자 한다.

여느 학문과 마찬가지로 생태학이라는 학문의 근원을 한 단어로 말하기는 어렵다. 생태학의 기원에 대해서는 여러 가지 설명들이 분분하다. 즉 특정한 시기에 특정한 인물이 이 학문을 시작하지는 않았다는 말이다. 기원전 4세기경에 아리스토텔레스의 제자 테오프라스토스Theophrastus는 동물들과 이들이 사는 환경의 관계에 대해서 서술한 바 있는데, 그로부터 생태학의 기원을 찾는 사람들도 있다. 하지만 이는 현대 생태학자들이 이해하는 혹은 연구하는 생태학과는 상당히 거리가 있으므로, 이보다는 좀 더 근대적인 과학자들에게서 근원을 찾는 것이 적절할 것 같다. 크게 두 가지 정도의 뿌리가 알려져 있다.

첫째는 식물지리학이나 분류학이다. 고등학교 생물 시간에 이명법Binominal nomenclature이라 부르는 과학적 명명법에 대해서 배운 적이 있을 것이다. 인간을 학술적으로는 호모 사피엔스Homo sapiens라고 부르는 것이 바로 이명법이다. 식물에 이 분류 체계를 처음 적용시킨 것으로 널리 알려진 스웨덴의 식물학자 칼 폰 린네Carl Von Linne는 수많은 생물종을 구분하고 명명하며 현대 분류학 체계의 기초를 닦았다. 그는 『자연의 경제Oeconomy of Nature』라는 저서를 통해 복잡해 보이는 자연도 조물주의 오묘한 설계가 반영되어 있으며, 과학자가 할 일은 세상에 존재하는 모든 종류의 생물을 찾아서 분류하고 정리하는 일이라고 주장했다. 그의 세계관에 따르면 자연은 정적이고 균형이 맞아 있으며 단지 끼워 맞춰주길 기다리는 퍼즐과도 같은 것이었다. 그러나 이후 상당수의 과학자들은 린네의 이러한 생각에 반기를 들며 자연을 동적이고 변화하는 것으로 이해하기 시작했다. 그리고 그러한 변화의 원인이 무엇인지를 밝히는 것이야말로 과학자들의 주요한 임무라고 주장했다. 이러한 학자 중 대표적인 이가 알렉산더 폰 훔볼트Alexander von Humboldt이다. 훔볼트는 대부분의 당시 과학자들과 마찬가지로 다양한 학문을 섭렵한 학자이자 탐험가였다. 그는 지리, 기상, 천문, 해양, 지질학은 물론 언어학의 영역에서도 많은 연구를 수행했다. 『코스모스Kosmos』라는 저작을 통해 그는 지질학 기상학 등의 물리적 환경과 동식물의 분포 및 그들의 생리가 서로 상호 작용하며, 이를 전체적으로 파악하는 것이 중요하다는 점을 강조했다.

둘째는 그 유명한 찰스 다윈Charles Darwin의 연구다. 린네와 훔볼트의 연구가 현대 생태학의 효시라고 주장하는 사람들도 있으나 다윈의 연구를 빼놓고는 생태학의 시작을 설명하기 어렵다. 잘 알려진 바와 같이 다윈은 『종의 기원the Origin of Species』에서 새로운 생물종이 자연선택Natural Selection이라는 기작을 통해 나타날 수 있음을 제시했을 뿐 아니라, 생물의 분포Distribution와 풍부도Abundance가 나타나는 기작도 규명하였다. 다윈은 맬서스의 『인구론*』에 큰 영향을 받았다. 즉 모든 생물체는 엄청난 수로 번식할 수 있는 가능성을 가지고 있으나 제한된 자원에 의해 번식이 제한되고 있는데, 일부 돌연변이에게 나타난 새로운 형질이 제한된 자원을 효율적으로 이용하는 데 도움이 되는 경우 그 형질을 가진 개체들이 빠른 속도로 증가할 수 있다는 것이다.

이러한 다윈의 주장들은 현대 생태학 연구의 중요한 부분을 차지하고 있다. 하지만 여전히 '생태학'이라는 용어는 에른스트 헤켈Ernst Haeckel에 의해서 제안될 때까지 공식적으로는 등장하지 않았다. 항상 주인공 주위에는 그를 추종하면서 그의 활약을 돕는 존재가 있다. 배트맨에게는 로빈이, 마르크스에겐 엥겔스가, 셜록 홈즈에게 왓슨이 있었던 것처럼, 다윈에게는 헤켈이라는 추종자가 있었다. 다윈의 이론을 독일에 전파한 것으로

---

* 인구는 지수 함수적으로 생식하여 수를 늘릴 수 있으나, 인간의
생존에 필요한 자원은 그렇지 못하다는 내용을 담은 맬서스의 저서.

알려진 헤켈은 생물체가 환경을 얼마나 효율적으로 이용할 수 있는지 이해하는 게 다윈의 이론의 핵심이라는 점을 고려하여, 다윈이 말했던 '자연의 경제학Economy of Nature'을 다루는 학문이 필요하다고 주장했다. 그는 저서 『일반형태학General Morphology』에서 '생태학'라는 용어를 처음으로 고안하고 다음과 같이 정의하였다.

> The economy of nature – the investigation of the total relations of the animal both to its inorganic and its organic environment; including, above all, its friendly and inimical relations with those animals and plants with which it comes directly or indirectly into contact – in a word, ecology the study of all those complex interrelations referred to by Darwin as the conditions of the struggle for existence (Haeckel, 1866).

> 자연의 경제 – 동물과 그 무기적, 유기적 환경; 무엇보다도 직접적 혹은 간접적으로 접촉하는 이러한 동물과 식물들과의 우호적, 적대적 관계들 – 한마디로, 생태학이란 다윈이 존재를 위한 투쟁의 조건이라고 말했던 것들에 대한 복잡한 상호 관계를 다루는 학문이다(Haeckel, 1866).

간단히 말하자면 그는 한 생물이 환경 또는 다른 생물과 어떻게 상호 작용하는지 연구하는 학문을 생태학이라 명명했으며, 그 기저에는 '자연의 경제'라는 의미가 깔려 있었다. 이로써 생태학이 하나의 학문 체계로 발전할 수 있는 토대가 나타났다.

이후 생태학은 박물학, 식물지리학, 동물생리학, 환경학 등의 학문 분야와 접목하고 교류하며 내용이나 연구 범위에 있어 더욱 큰 성장을 이루게 된다. 당시의 여러 가지 사회적 조건들이 생태학 발전을 돕기도 했다. 제국주의가 대표적인 예다. 당시 팽창하던 유럽의 국가들은 해외에 군함들을 파견할 때 군인들과 더불어 선교사와 과학자들, 특히 동식물이나 지리, 지질을 연구하는 학자들을 함께 내보냈다. 이들이 아직 알려지지 않은 땅에 가서 동식물의 표본을 채집하고, 이를 본국으로 가져와 전시하거나 연구하는 일이 보편적인 모습으로 자리 잡았다. 다윈의 사상에 가장 큰 영향을 미친 사건 중 하나인 남아메리카 여행이 군함인 비글호HMS Beagle의 탑승을 통해 이루어졌던 것은 우연이 아닌 것이다. 변증법에 근거해 모든 물物은 변화한다는 당시의 철학적 사조도 다윈의 이론이 단기간에 큰 반향을 일으키는 데 많은 기여를 했다. 여기에 지질학적인 발견들을 통해 지구 자체도 멈추어 있는 것이 아니라 계속 변화해왔다는 것이 알려짐에 따라, 생물도 어느 한 시점에 모두 창조된 것이 아니라 계속적으로 진화하고 멸종하는 존재라는 것을 사회가 받아

들일 준비가 되어 있었다.

다윈의 혁명적인 이론을 바탕으로 헤켈이 생태학이라는 새로운 학문을 고안해낸 다음부터 수많은 연구들이 생태학 안에서 진행되었다. 그러나 이런 연구들은 대부분 기존에 존재하던 '자연사' 연구의 확장이나 반복에 지나지 않았다. 당시는 물리학, 화학, 유전학이 급속히 발전하고 있는 시기였지만 생태학은 아직도 신비에 싸인 학문으로, 주로 야생에서 변화하는 식물 집단을 관찰하고 신비한 동물들의 행동을 묘사하는 연구가 주를 이루었던 것이다. 그러다가 몇몇 학자들이 식물의 분포 형태가 시간에 따라 변화한다는 것을 관찰하면서 생태학은 식물 종의 이름을 기록하던 학문에서 변화하는 자연을 분석, 이해하려는 학문으로의 전환이 일어나기 시작했다.

영국과 유럽에서 시작된 생태학이라는 학문은 사람 손길이 닿지 않은 드넓은 신대륙 미국에서 새로운 발견들을 이어갔다. 이런 연구의 대표적인 주자는 프레더릭 클레먼츠Fredrick Clements다. 그가 생태계라는 용어를 만든 것은 아니지만, 그의 연구가 생태계라는 용어가 등장하는 데 결정적인 역할을 했으므로 여기서는 짚고 넘어갈 필요가 있다. 미국의 생태학자인 클레먼츠는 미시간 호수의 사구Sand dune에서 식물들의 집합이 어떻게 변화해가는가를 조사하던 헨리 콜스Henry C. Cowles의 연구를 계승해 미국 중서부의 초원 지대에서 식생의 변화에 대한 연구를 수행하고 있었다. 그는 이 연구로부터 현대에도 생태학의 핵심 용어로 사용되고 있는 천이Succession, 극상Climax과 같은 개념을 과학적으로 도입했다(Clements, 1936). '극상'이라는 단어를 19세기에 먼저 소개한 사람은 홀트Hult 등이었으나, 이를 생태학의 핵심 개념으로 발전시킨 사람은 클레먼츠이다. 클레먼츠는 농사를 짓다가 포기하거나 화재가 난 초지에서 특정한 식물군이 순차적으로 변화해가는 경향을 관찰한 뒤, 이러한 우점 식물의 변화를 '천이'라고 명명하였다. 또한 어떤 상태에서 변화가 시작되든지 결국에는 예측 가능한 하나의 최종 단계, 즉 '극상'에 다다르게 된다고 생각했으며, 이는 기후에 의해 결정되고 그 공간적 범위는 대륙처럼 큰 규모일 수도 있음을 주장했다(Clements, 1936). 클레먼츠는 여기서 더 나아가 기후가 같은 지역에 있는 식물의 집단은 마치 살아 있는 생명체처럼 특정한 형태를 향해 나아간다고 생각하고, 이런 의미에서 식물의 군집은 극상을 향해 나아가는 초유기체Super organism 혹은 복잡생명체 Complex organism라고 주장하였다.

　　이후 남아프리카의 생태학자였던 존 필립스John Phillips는 클레먼츠의 아이디어에 얀 스뮈츠Jan Smuts의 전체론Holism적 철학적 사조를 접목시킨 학술 논문을 발표하기에 이르렀다. 그는 우리가 바라보는 숲과 같은 자연은 개개 생물체의 단순한 합이 아니라, 그 전체가 하나의 살아 있는 생명체이며 마치 한 생명이 탄생해서 성장하고 사망하는 것처럼 자연도 무無에서 출발하여 계속 변화해가다가 최종적으로 안정된 상태에 이르게 된다고 주장했다. 이런 주장이 그리 낯설어 보이지 않을지도 모르겠다. 농담으로 생태학자 하면 떠오르는 이미지를 말해보라 하면 채식주의자, 개량 한복, 반핵주의 같은 단어들이 나오는 것과 무관하지 않다. 생태학은 그 출발에서부터 신비주의적 생각의 영향을 받은 것이다.

클레먼츠와 필립스의 이러한 개념은 식물 집단의 동적인 변화를 고려했다는 점에서 생태학의 새로운 발전 방향을 제시했다는 의의가 있지만, 초유기체와 같은 신비적 개념에 당시 모든 생태학자가 동의한 것은 아니다. 과학의 한 분과로 생태학이 자리 잡길 바라는 사람들 입장에서는 식생의 천이를 연구하던 생태학자들의 이러한 신비주의적 생각이 매우 불편했고, 이 과정에서 '생태계Ecosystem'라는 개념이 도입되었다.

생태계라는 단어를 전문 과학 학술지에 처음 소개한 사람은 머리말에서 언급한 바 있는 영국의 아서 탠슬리이다(Tansley, 1935). 많은 근대 영국의 학자들이 그러했듯 탠슬리는 생태학의 새로운 시대를 연 선구자였다. 옥스퍼드 대학을 비롯해 세 개 대학에서 교수를 지낸 그는, 지금까지도 권위를 인정받는『뉴 파이톨로지스트New Phytologist』라는 학술지를 만들었고, 세계 최초의 생태학 학술 단체인 '영국 생태학회British Ecological Society'의

창립 멤버이자 초대 회장이었다. 또한 최초의 생태학 학술지인 『생태학 저널Journal of Ecology』의 초대 편집장을 21년이나 하기도 했다. 그러나 이러한 화려한 경력보다도 탠슬리는 '생태계'란 용어를 처음 만든 사람으로 더 유명하다. 일설에는 탠슬리가 이 단어를 처음 만든 것은 아니고, 당시 옥스퍼드 대학의 젊은 조교였던 아서 로이 클래펌Arthur Roy Clapham이 탠슬리의 요청으로 고안해낸 단어라고 알려져 있다. 그러나 어쩌겠는가, 영광은 논문에 이름을 올린 교수가 차지하기 마련이다.

탠슬리는 '국제 식물지리탐사International Phytogeographic Excursion'라는 행사를 주관해서 미국 생태학자들과의 교류를 시작했고, 실제로 미국을 방문하여 신대륙의 식물들을 둘러보기도 했다. 이 시기 클레먼츠와의 교류를 통해 어쩌면 그의 생각을 더욱 반박해야겠다고 결심했을지도 모르겠다. 탠슬리가 학술지 『에콜로지Ecology』에 실은 자신의 논문 「식생 용어와 개념의 이용과 오용*」에서 최초로 정의한 생태계란 다음과 같다.

The more fundamental conception is ... the whole system(in the sense of physics), including not only the

* The use and abuse of vegetational terms and concepts

organism complex, but also the whole complex of physical factors forming ... the environment of the biome ... These ecosystems ... form one of category of the multitudinous physical systems of the universe (Tansley, 1935).

더 근본적인 개념은 ... 총체적 계 (물리학적 의미)로써 생물들의 집단뿐 아니라 물리적 요인의 총체적 복합체로써 ... 생물군계의 환경을 만들며 ... 이러한 생태계는 ... 우주를 구성하고 있는 물리적 계의 다양한 요소 중 하나의 범주를 형성한다(Tansley, 1935).

　　탠슬리의 주장의 핵심은 클레먼츠가 제창한 초유기체와 같은 모호한 개념에서 벗어나 생태계라는 구체적인 대상을 생태학 연구 대상으로 삼아야 한다는 것이었다. 탠슬리가 이러한 주장을 펴게 된 배경에는 당시의 몇 가지 과학적 철학적 배경이 존재한다.

　　첫 번째는 당시 과학계 전반에 널리 퍼진 시스템 이론이다. 시스템 이론은 증기 기관이 발명됨에 따라 새롭게 발전한 학문인 열역학과 함께 등장했다. 물리학에서 유래된 시스템 이론은 복잡한 현상을 이해하기 위해 어떤 경계 내에 존재하는 구성 요소들을 파악하고 이들 간의 조절과 상호 작용을 밝히는 방법론 혹은 생각 체계로까지 확장하여 발전했다. 그 기저에는 구성 요소들 간의 조절을 통한 전체 시스템의 평형이 존재한다는 전제가 있었다. 탠슬리는 시스템 개념을 생태학에 도입하여 생태학이 애매한 대상을 밝히는 학문이 아니라 원자에서 시작하여 우주에 이르는 물리적 위계Hierarchy의 한 단계를 연구하는 학문이라는 점을 분명히 했다.

두 번째는 소위 생기론Vitalism에 반대하고 생물을 유물론적 Materialistic으로 바라보려는 당시의 생물학적 사조다. 현대에 들어 'AI', '4차 산업혁명', '사물 인터넷' 같은 말들이 뭔가 멋지게 들리는 것처럼 당시에는 시스템이라는 단어가 최첨단의 과학 용어였다. 탠슬리는 이 단어를 차용하여 생태학이 더 이상 자연을 묘사하는 데 치중한 모호한 학문이 아니라 엄연히 명확한 과학적 연구 대상이 있는 학문이라는 점을 강조하고자 했다. 더 이상 생태학자들은 연구 대상이 무엇이냐는 질문에 머뭇거릴 필요가 없어졌다. 물리학자들은 그런 질문에 소립자라 답하고, 생물학자는 세포, 천문학자는 은하계라고 말할 때, 생태학자들도 자신의 연구 대상물이 '생태계'라 말하면 되는 시대가 된 것이다.

이 당시 새롭게 등장한 '생태계'라는 용어는 몇 가지 중요한 의미를 내포하고 있다. 첫째, 생태계는 뚜렷한 경계가 있는 대상이다. 따라서 생태계를 연구하려면 제일 먼저 연구 대상물이 어디까지인지를 명확히 해야 한다. 둘째, 생태계 내에는 여러 가지 구성 요소Component들이 존재한다. 경계 안에 존재하는 중요한 구성 요소들이 무엇인지 찾아내는 것이 중요하다. 셋째이 구성 요소들 사이의 상호 작용이 생태계가 안정적으로 유지되는 데 매우 중요하다. 본래 시스템 이론의 기저에도 상호 작용을 통한 조절, 소위 사이버네틱스Cybernetics라는 의미가 내포되어 있다.

누구 머리에서 나왔든 이제 생태계라는 단어는 생태학 논문에 모습을 비추기 시작했고, 새로운 연구 분야의 탄생을 알리는 신호탄이 되었다. 그렇지만 생태계란 용어가 실제로 어떻게 연구에 적용되고 학문적으로 표현될 수 있을지 확증되기까지는 아직 몇 년의 시간이 더 필요했다.

과학 개념으로서의 생태계

매번 정권이 바뀌거나 학문적 유행이 바뀔 때마다 나는 혼란스
럽다. 내가 정치적 야심이 있는 것은 전혀 아니지만, 실험실을
꾸리려면 정부에서 지원하는 연구비를 따 와야 하고 그때마다
유행하는 단어들이 있기 마련이기 때문이다. 내가 다른 나라의
교수를 해본 적이 없어서 정확한 비교는 어렵지만 단순히 정치
적인 이유를 떠나서 과학자들 자신들도 유행어에 너무 민감하
게 반응한다. 시간을 거슬러 올라가면 '생활 밀착형 기술', '4차
산업혁명', 'AI', '빅데이터' 등이 인기어였고, 기술 분야로는 '나
노', '미세먼지', '소부장 (소재, 부속, 장비) 기술' 등을 들 수 있다. 그
전 정권에서는 '창조경제', 그 전에는 '녹색성장'이라는 키워드
가 들어가야 일차 서류 통과라도 기대할 수 있었다. 그런데 과
학자들, 아니 그 용어를 제안한 대통령(혹은 이런 용어들을 주창한 참모

들)조차 그것이 무엇을 의미하고 구체적으로 어떤 연구를 해야 하는지 알고 있었을까?

　처음 생태계라는 용어가 도입되었을 때 생태학자들의 혼란도 크게 다르지 않았다. 탠슬리의 새로운 개념은 상당한 시간이 흐를 때까지 단순한 아이디어 혹은 구호에 지나지 않았다. 즉 생태계라는 개념과 용어가 등장은 했지만, 실제 연구에서 이를 적용하고, 이 가설에 근거하여 수행된 연구는 전무했다. 과학의 여느 개념들과 마찬가지로 실험적으로 확인할 수 없거나 새로운 가설을 만들어낼 수 없는 개념은 그냥 사라져버리기 마련이다. 탠슬리의 생태계 개념도 하나의 과학적 개념으로 확고한 자리를 확보할 때까지 상당한 시간이 필요했다.

　조지 에블린 허친슨George Evelyn Hutchinson은 유행어에 가깝던 생태계 개념이 하나의 과학적 개념으로 자리잡는 데 크게 기여한 학자 중 한 명이다. 영국 출신의 생태학자이자 육수학자인 허친슨은 현대 생태학의 아버지라 불린다. 그는 1928년 미국 예일 대학Yale University의 교수로 부임한 후 육수학Limnology 연구로 국제적인 명성을 얻었다. 1930년대 영국의 동물생태학자인 찰스 엘턴Charles Elton은 식물 - 초식동물 - 육식동물로 이어지는 먹고 먹히는 관계를 통해 태양빛에서 출발한 에너지가 생물들을 통해서 이동하는 경로인 영양단계Trophic structure라는 개념을 제시했는데, 허친슨은 이 관계를 자신이 연구하던 호수에 적용해서 식물성 플랑크톤 – 동물성 플랑크톤 – 작은 물고기 – 큰 물고기로 이어지는 영양단계를 규명하는 연구를 수행했다. 그는 동시에 러시아의 지질학자인 블라디미르 베르나츠키Vladimir Vernadsky가 1926년에 발표한 『생물권The Biosphere』이라는 책에 영향을 받아 지구에서 일어나는 생명 현상이 무기 물질의 변화 및 이동과 밀접하게 연관되어 있다는 개념을 생태학에 도입하였다. 이를 통해 허친슨은 호수에서 서식하는 식물성 플랑크톤의 번식이 무기 영양소의 양에 의해 조절된다는 결론을 내렸다. 결국 허친슨이 바라본 호수는 더 이상 큰 물고기가 신비하게 노니는 '동물의 왕국'이 아니라 무기 물질의 영향을 받고 에너지가 순환하는 매우 정밀한 '시스템'이었던 것이다. 이전까지 많은 사람들에게 '생태학'은 '자연사'와 동일한 학문으로 이해되었으나, 그의 연구와 교육을 통해서 생태학자들도 물리학과 화학을 공부하고 그 방법론을 차용해서 연구해야 한다는 것이 널리 받아들여지게 되었다.

허친슨의 생각도 혁신적이긴 했지만, 생태계라는 개념을 실제 연구에 적용하여 과학적이고 계량적으로 발전시킨 최초의 학자로 비운의 과학자 레이먼드 린드만Raymond Lindeman을 꼽지 않을 수 없다. 허친슨과 띠동갑으로 어린 린드만은 미네소타 대학에서 '세다 보그Cedar Bog' 호수의 생태를 주제로 박사 연구를 수행하고 있었다. 미네소타주는 그 별칭이 '일만 호수의 땅'

일 정도로 호수가 많은 지역이니, 린드만이 호수를 대상으로 연구를 수행한 것이 어쩌면 운명이었을지도 모르겠다. 물론 과학적인 관점에서는 생태계라는 개념을 적용하기에 호수가 여러모로 적절한 특성을 지니고 있었기 때문이라고 보는 게 타당할 것이다. 앞서 말했던 바와 같이 생태계의 첫 번째 특성은 뚜렷한 경계가 있어야 한다는 점이다. 경계가 뚜렷한 호수는 생태계 연구의 최적 대상물이 아닐 수 없다. 생각해보라. 드넓은 숲 혹은 끝없이 이어지는 강에서는 어디를 경계로 삼을 수 있을 것인가? 또한 호수를 구성하고 있는 물리적 환경들 — 예를 들어 수심, 온도, 일사량, 영양물 — 은 호수에서 서식하고 있는 여러 가지 생물군 — 식물성 플랑크톤, 동물성 플랑크톤, 어류 — 에 직접적인 영향을 미치므로 생물학적 요인과 무생물학적 요인의 상호 작용을 연구하기 적절한 대상이었다.

　린드만 연구의 핵심은 호수에서의 영양단계 구성Trophic Structure이 군집의 형태나 천이에 영향을 미친다는 점이다. 즉, 그는 생물들의 먹고 먹히는 관계를 연구해야 한다는 필요성을 입증하고, '에너지 흐름'이라는 관점으로 호수의 생물들을 이해할 수 있음을 실험적으로 밝혔다. 사실 이 생각들이 어느 날 갑자기 하늘에서 떨어진 새로운 생각은 아니었다. 19세기 말엽에 우크라이나에서 태어난 알프레드 로트카Lotka는 자연을 열역학 법칙을 따르는 하나의 에너지 변환 장치로 보는 관점을 가지고 있었고, 이러한 관계를 수학적으로 보여주기 위한 아이디어를 제시했다. 앞서 말한 동물생태학자 엘턴은 식물에서 시작해서 큰 동물에 이르기까지 자연 속 먹고 먹히는 관계를 나타내는 '먹이망Food web'이라는 개념을 제시했다.

이렇듯 에너지의 흐름을 중심으로 자연을 관찰, 분석하려는 맥락 속에서, 린드만은 허친슨의 선행 연구에 착안하여 이전까지와는 다른 방식으로 호수를 연구했다. 단순히 어류나 식물의 구성이 무엇인지 알아보는 것을 벗어나 태양 에너지의 얼마만큼이 광합성으로 식물성 플랑크톤에 붙잡히고, 또 얼마 만큼이 작은 물벼룩에게 먹히고, 그 중 얼마가 작은 물고기, 또 큰 물고기에게 전이되는지를 실제로 측정해서 논문을 발표한 것이다. 그가 당시 생각했던 개념은 그림 1-1에 표현되어 있다.

현대 생태학자들의 입장에서 생각하면 너무 단순하고도 당연한 연구 방향일지 모르겠으나, 린드만의 연구가 있기 전까지 호수학Limnology은 다른 생태학의 분야와 마찬가지로 생물종의 나열이 연구의 중심을 이루고 있었다. 이 논문을 통해 호수를 하나의 시스템으로 보고 연구하는 방식이 제시되었고, 더 이상 생태학자들은 그 호수에 몇 종의 생물이 사는지 목록 따위를 조사하는 사람이 아니라 호수에서 일어나는 역동적인 에너지의 흐름을 측정하고, 그 결과로 나타나는 다양한 생물종들의 변화를 설명할 수 있는 사람이 되었다. 그러나 역설적으로 이러

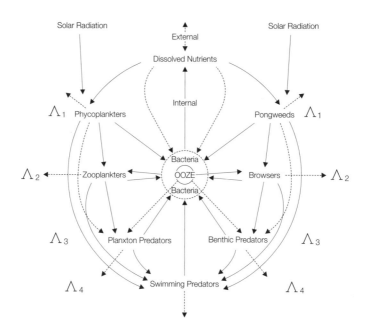

그림 1-1 린드만이 그의 논문에서 제시했던 미네소타 호수에서의 에너지 흐름 모식도. 태양 에너지Solar radiation에서 시작된 에너지 흐름은 식물성 플랑크톤Phytoplankters이나 수초 Pondweed를 거쳐 동물성 플랑크톤Zooplankters과 초식 곤충Browser에게 먹히고, 이들은 다시 플랑크톤 포식자Plankton Predators와 저층 포식자Benthic Predators에게 먹힌 후 최종적으로 유영 포식자Swimming Predators에게 먹힌다. 개념도의 중심에 흥미롭게도 세균Bacteria이 위치하고 있지만 당시에는 기술적인 한계로 이 부분에 대한 연구는 불가능했다.

[출처: R. L. Lindeman. 1942. The Trophic-Dynamic Aspect of Ecology. Ecology 23: 399-417]

한 새로운 생각은 당시에는 쉽게 받아들여지지 않았다. 린드만은 자신의 박사 논문 내용을 『에콜로지』에 투고하였으나 당대의 쟁쟁한 육수학자였던 위스콘신 대학의 챈시 주데이Chancey

Juday 등에 의해 게재가 거절당했다. 이유는 개념이 너무 모호하고 연구 방법론의 과학성 여부 판단이 어렵다는 등, 새로운 개념이 학문에 도입될 때 흔히 볼 수 있는 기성 학자들의 반발 그 자체였다. 실제로 그의 (지금도 그렇지만, 당시에도 논문 심사자가 누구인지 밝히지 않았다.) 심사평에는 논문의 토론과 논쟁이 '신념, 확률, 가능성, 추정, 가상의 호수에 근거하고 있을 뿐 실제 관측이나 데이터에 근거하고 있지 않다'라고 혹평하고 있다. 더욱 비극적인 이야기는 자신의 논문이 생태학이라는 학문에 얼마나 큰 영향을 미칠 것인지 알기도 전에 린드만이 27세의 나이로 요절을 해버린 것이다. 당시 그는 허친슨의 연구실 포닥으로 재직 중이었는데, 사후에 허친슨의 간곡한 요청으로 겨우 『에콜로지』에 게재된 그의 논문은 오늘날 생태학 연구자라면 꼭 읽어봐야 할 고전적 논문이 되었다(Sobczak, 2005).

생태학의 개념이 정립된 과정을 말하며 유진 오덤Eugen P. Odum의 역할과 그가 집필한 교과서에 대해서도 언급할 필요가 있다. 그는 마찬가지로 생태학자인 형 하워드 티 오덤Howard T. Odum과 함께 『생태학의 기초Fundamentals of Ecology』(1953)라는 매우 성공적인 생태학 교과서를 집필했다. 이전까지는 각각의 생물에 집중하여 설명하는 생태학 교과서가 대부분이었고, 현재에도 크게 다르지 않다. 이와 달리 그는 생태학을 '자연의 구조와 기능'을 이해하려는 학문으로 정의했다. 여기서 '기능'이란

'에너지 흐름Energy Flow과 물질 순환Nutrient Cycle'을 의미한다. 당시로서는 조금 생소한 접근이었지만 이후 오덤의 제자와 이 교과서로 공부한 학자들이 미국 전역에서 교수와 연구자로 자리 잡으면서 에너지 흐름과 물질 순환은 현대 생태계 연구의 주류가 되었다. 그 이후 생태학 연구에서는 단순히 숲이나 자연을 주유하는 것이 아니라 명확한 경계를 정하고 그 경계 안에서 일어나는 다양한 현상을 몇 가지 구성 요소로 나누어 관찰하게 되었다. 오늘날 이 교과서는 생태학이라는 학문이 독자적인 과학 분야로 홀로 서기가 가능해졌으며, 생태계라는 개념이 생태학 연구의 중심축임을 선언한 책으로 평가된다.

호수에서 생태계 개념을 중심으로 이루어진 성공적인 연구는 산림을 연구하는 학자들에게도 사고의 전환과 연구 방법의 변화를 불러왔다. 이 과정에서 또 하나의 성공적인 학제 간 연구가 나타났다. 당시 미국 동부의 허바드 브룩 연구림Hubbard Brook Experimental Forest에서 산림의 물질 순환을 연구 중이던 허버트 보어만Herbert E. Bormann은 산림 생태계 연구 방법론을 새로 제시할 고민에 빠져 있었다. 호수 연구에서 생태계라는 개념을 도입한 것이 성공적이었다는 것을 잘 알고 있었지만 산림 연구에서는 이것이 쉬운 일이 아니었다. 가장 어려운 문제는 산림에서 경계를 어디로 정할 것인가 하는 것이었다. 시스템 이론에서 살펴본 바와 같이 생태계 연구의 출발점은 해당 시스템의 경계를 정하는 일이기 때문이다. 마침 당시에 위스콘신 대학에서 박사를 마치고 다트무스 대학에서 강사를 하고 있던 진 라이켄스Gene Likens가 합류함으로써 호수 생태계 연구의 방법론이 산림으로 확산되는 계기가 만들어졌다. 이들은 1963년에 허바드 브룩에서 산림의 경계를 유역Watershed으로 삼고 육상에서 일어나는 식물의 성장, 발전, 사멸 과정과 하천의 화학적 특성 사이의 연관성을 밝히고자 했다. 그리고 이 연결 고리를 토대로 생태계 물질 순환의 복잡성에 대한 새로운 연구 방향을 제시하였다. 즉 이전에는 산림을 시스템으로 보고자 해도 어디까지가 경계고 무엇을 입력값으로, 또 무엇을 결과값으로 정해야 할지 막막했다. 하지만 생태계 개념을 적용함으로써 산림의 경계를 유역으로 정하고, 대기의 비, 눈, 먼지(전문 용어로는 '건식 침적물'이라 한다)가 산림으로 들어오는 양과 이들이 하천을 통해서 흘러 나가는 양을 정량하여 산림을 하나의 독립된 시스템으로 이해하기 시작했다. 이들의 연구 방법론은 이후 산성비가 산림 생태계에 미치는 영향을 비롯해서 육상에서 일어나는 다양한 물질 순환과 에너지 흐름을 분석하는 기본 연구 방향이 되었고, 그 연구는 지금도 계속되고 있다. 시간이 흐르자 이렇게 야외에서 수행되는 실험적 연구의 발전과 더불어 기작을 규명하고 수학적 모델을 통해 연구하는 방법론도 등장하게 된다. 물론 이전부터 로트카-볼테라Lotka-Volterra 모델을 비롯하여 생태학에서 수학을 차용한 연구 방법론은 존재하고 있었으나, 새롭게 등장한 컴퓨터를 이용해 생태계 내의 구성 요소 간 상호 작용을 수학적으로 설명하는 모델링이 생태학 연구의 한 축으로 자리 잡게 되었다.

오늘날 생태계의 개념에 의거한 생태학 연구는 다양한 환경 문제를 과학적으로 이해하고, 해결책을 제시하는 데 큰 역할을 담당하고 있다. 좁게는 생태학자 넓게는 자연과학자들 사이에 회자되던 '생태계'라는 용어가 대중들에게까지 확산될 수 있었던 것도 환경 문제의 기작을 이해하고 그 해결 방안을 제시하는 데 생태계의 효용이 널리 증명되었기 때문이라 생각한다. 그 몇 가지 결정적인 계기들에 대해서는 다음 꼭지에서 살펴보도록 하겠다.

생태계 개념의 대중화

앞에서 말한 내용을 중심으로 학자들 사이에서는 생태계 연구
가 활발히 진행되고 있었지만 대중들에게 생태계는 아직 익숙
한 개념도 용어도 아니었다. 그러나 환경 문제, 좀 더 구체적으
로는 환경 오염과 이로 인한 건강상의 위해가 커지면서 생태계
는 대중들에게 좀 더 익숙한 용어가 되었다.

　　우선 1960~1970년대 유럽에서는 '산성비'라고 하는 새로
운 환경 문제가 사회적으로 대두되기 시작했다. 석탄과 같은 화
석 연료를 태울 때 나오는 황산화물이 대기로 올라가 구름에 섞
이면서 황산과 같은 물질이 만들어지는데, 이것이 비로 내리는
현상을 산성비라 한다. 산성비는 영국에서 처음 관찰되었다. 산
성비가 내린 지역은 산성도가 증가해서 숲의 나무들이 죽고, 도
시의 오래된 조각품들이 녹아내리는 현상들이 나타났다. 이 문

제가 유럽 전역에 관심의 대상이 된 것은 산성비 문제가 한 지역의 국지적인 환경 문제가 아니라 영국의 산업 지대에서 배출된 황산화물이 구름과 바람에 섞여 노르웨이 청정 지역의 호수까지 피해를 입히는 '월경성 대기 오염Transboundary Air Pollution' 문제이기 때문이다.

대기 오염으로 산성비가 내린다는 사실을 과학적으로 처음 규명한 사람은 영국의 로버트 스미스Robert Angus Smith이다. 미국에서는 허바드 브룩에서 산림 유역의 물질 순환을 연구하던 진 라이켄스의 연구진이 유럽과 마찬가지로 북미에도 산성비 문제가 나타남을 처음 감지하였다. 원인을 알 수 없던 산성비와 이로 인한 피해가 생태학적으로 긴밀하게 연결된 여러 요소들이 상호 작용한 결과임이 밝혀지며 생태계 개념은 대중들에게 깊이 각인되었다.

미국에서 레이철 카슨Rachel Carson이 쓴, 『침묵의 봄Silent Spring』*이라는 책이 생태계라는 용어가 널리 퍼지는 데 큰 역할을 담당했다. 우리나라에서도 『침묵의 봄』은 환경 분야의 고전으로 통한다. 가장 감명 깊게 읽은 책을 쓰라는 문항이나 자기

---

*   사실 우리말 번역은 '소리 없는 봄', '소리 잃은 봄', '고요한 봄' 정도가 더 적절할 것 같으나, 일본인들이 '沈默の春'으로 먼저 번역을 해서 이후 우리나라 번역본도 이런 제목을 달게 되었다.

소개서 질문에 환경공학과를 지망하는 수험생들은 흔히 『침묵의 봄』을 쓰곤 한다. 물론 입시를 위해 학원과 학교에서 지도를 받았을 가능성이 크지만, 어찌 되었건 이런 사실들은 여전히 이 책의 영향력이 얼마나 큰지를 잘 보여준다.

카슨은 존스홉킨스 대학에서 해양생물학으로 석사 학위를 마친 후 어린이 환경 도서 작가로 이름이 조금 알려진 과학 저술가였다. 당시 DDT라는 살충제가 독성이 심할 것이라는 환경 단체의 주장들이 나오기 시작한 때였는데, 카슨은 수년에 걸친 자료 조사와 전문가 인터뷰 등을 통해서 합성 살충제가 유독하다는 확신을 가지고 이를 대중들에게 알리기 위해서 책을 집필한다. 이것이 바로 『침묵의 봄』이다. 제목의 '침묵의 봄'이란 봄이 와도 새가 울지 않는 그런 이상한 세상이다. 그럼 새가 울지 않는 것과 DDT는 과연 무슨 관련이 있는 것일까?

DDT는 원래 모기나 해충을 구제하기 위한 살충제로 개발되었다. 특히 2차 세계 대전 당시 영국을 포함한 연합군은 DDT를 사용하여 모기를 효과적으로 방제했고, 결국 DDT는 전쟁 승리에 큰 기여를 하였다. 영국의 처칠 수상은 '기적의 DDT 파우더'라고까지 부를 정도였다. 전쟁이 끝나고 DDT는 미국에서 농업에 광범위하게 사용되었다. 넓은 농경지에 효율적으로 DDT를 살포하기 위해 비행기를 이용하는 경우도 흔했다. 물론 실험실에서 수행된 연구 결과에 따르면 공기 중에 뿌린 DDT

는 농도가 높지 않아서 생물체에겐 큰 피해가 없을 것으로 예상
되었다. 그러나 생태계에서 일어나는 복잡한 반응은 DDT라
는 약제를, 카슨의 표현에 따르면 치명적인 '죽음의 묘약Elixir of
Death'으로 만들어버렸다.

　　DDT의 화학적 특성 중 하나는 '지용성'이다. 즉, DDT는
물에 녹지 않고 기름이나 체내의 지방에 녹아 들어가는 성질이
있다. 공기 중에 뿌려진 DDT는 빗물에 씻겨 하천이나 호수로
들어가고, 그곳에서 자라는 조류에 흡수되어 지방질 속에 축적
된다. 보통 물에 녹는 물질들은 생물의 체내에 들어가도 순환하
다가 배출되지만 기름에 녹는 물질은 몸 안에 쌓이게 된다. 동
물성 플랑크톤처럼 이 조류를 먹고 사는 작은 동물들은 높은 농
도의 DDT를 함유한 조류를 먹게 되고, 이후 DDT가 축적된 동
물성 플랑크톤은 더 높은 농도의 DDT를 자기 몸에 농축하게
된다. 이러한 과정이 먹고 먹히는 관계, 즉 먹이망 혹은 먹이사
슬 과정을 거치면 제일 상위 포식자인 동물의 몸에는 대기의 살
포할 때 농도의 수백 혹은 수천 배에 이르는 DDT가 쌓이게 되
는 것이다. 이러한 현상을 '생물학적 농축Bioaccumulation'이라고
한다. DDT는 새알의 껍질을 얇게 만든다. 따라서 DDT가 반복
적으로 살포된 지역의 경우 새알이 제대로 깨어나지 못하고 죽
어버려서 결국에는 봄이 와도 새가 우는 소리를 들을 수 없는
'침묵의 봄'을 맞이하게 된다.

　『침묵의 봄』은 오늘날 환경 도서의 고전이 되었지만 출간 당시 카슨은 수많은 비난, 특히 남성 과학자들의 비난을 감수해야 했다. DDT를 포함한 여러 가지 농약을 생산하는 듀폰Dupont과 같은 거대 화학 기업들은 많은 돈을 투자해서『침묵의 봄』에 오류가 많다는 식의 연구와 자문을 지원했고, 정치권에도 영향력을 행사하여 카슨은 미국 상원의 청문회에 불려 나오기도 했다. 당시 미국 농림부 장관이 대통령에게 보낸 편지에 카슨이 '육체적으로 매력적임에도 불구하고 결혼하지 않은 것으로 보아 공산주의자 인 것 같다'는 내용까지도 포함되어 있었다는 점은 시사하는 바가 크다.

　　기업의 각종 은폐 공작에도 불구하고『침묵의 봄』은 수많은 사람에게 읽혔다. 안전하다고 믿고 낮은 농도로 살포한 화학 물질이 생태계 안에서 일어나는 복잡한 반응을 통해서 우리의 안위를 위협할 수 있다는 사실은 대중들에게 큰 충격으로 다가왔다. 바로 '생태계'라고 하는 복잡한 시스템을 이해하지 않으면 우리가 직면한 환경 문제 해결은 요원하다는 사실을 깨우치면서 말이다. 대중들의 이러한 각성을 통해 미국에서 환경청 EPA* 설립을 비롯하여 환경 문제 해결을 위한 여러 가지 법안과

＊　Environmental Protection Agency

정부 지원금이 생겨났고, 세계 각국에서 환경 문제를 심각하게 다루는 계기가 되기도 했다.

생태학과 생태계 개념은 공장에서 뿜어져 나오는 검은 연기와 수백 킬로미터 떨어진 숲에서 식물이 이유 없이 죽어가는 현상 사이, 해충을 박멸하기 위해 살포한 DDT와 새들이 사라지는 현상 사이의 명확한 과학적 연관성을 보여줬다는 점에서 대중들에게 뚜렷한 인상을 남겼다. 더불어 자연 속 여러 가지 요소들의 복잡한 관계와 작용을 살펴볼 수 있는 '생태계' 개념이 학교 교과서에서 다루어지게 되고, 독일 등지에서는 원자력 에너지에 반대하는 사회 운동이 정치적인 힘을 갖게 되면서 자연에서 인간의 위치를 다시 한번 살펴보자는 환경론자들의 주장이 사회적 반향을 불러일으켰다. 이런 흐름 속에서 대중들도 점차 생태계라는 용어를 익숙하게 사용하게 되었다.

확장하고 융합하는 21세기 생태학

역설적이게도 서구 선진국에서 발생한 여러 가지 심각한 환경 문제들은 생태계 개념, 그리고 생태계생태학의 발전에 큰 영향을 미쳤다. 1980년 이후로는 전 지구적 기후변화, 생물다양성의 파괴 등이 주요한 환경 문제로 등장하며 이 전에 '환경공학'에 근거한 국지적이고 공학적인 방법으로는 환경 문제 해결에 한계가 있을 수밖에 없다는 것을 깨닫고, 생태계에 대한 깊고 장기적인 이해가 필요하다는 인식이 점점 널리 퍼지게 된다. 오늘날 생태계 개념은 생태학, 더 나아가서 환경과 관련된 연구와 정책의 중심에 서게 되었다. 그 결과 두 가지 연구 경향이 나타나게 되었는데 하나는 시간적으로 긴, 즉 장기 연구에 대한 필요성이 대두된 것과, 다른 하나는 공간적으로 넓은, 즉 국제적 연구와 이와 관련된 기관이 나타나게 된 것이다.

　　미국의 장기생태연구LTER*는 장기 연구에 대한 필요성을 잘 반영하고 있다. 1970년대 후반부터 준비에 들어가서 1980년에 산림, 초지, 호수, 강, 하구 등 총 6개의 연구지가 선정되어 장기생태연구 프로젝트가 시작되었다. 현재 장기생태연구지는 북극, 푸에르토리코의 열대우림 등과 도시 산림(볼티모어), 도시 하천(피닉스)까지 거의 모든 생태계를 다룬다. 장기생태연구의 기본 철학은 생태계의 기본 특성에 대한 정보를 장기적으로 구축하는 것이다. 이를 통해 지구상에 존재하는 다양한 생태계의 정보를 다량 얻게 되었으니, 현재 전 세계에 활동하는 주요 생태학자들 대부분은 직간접적으로 이 연구의 수혜자라 할 수 있다. 장기생태연구 네트워크는 현재도 유지되고 있으나, 더 새로운 접근법에 대한 요구로 국립생태관측연구망NEON**이라는 새로운 연구 단체가 2011년 미국국립과학재단NSF***의 지원을 받아 출범했다.

　　국립생태관측연구망은 장기생태연구의 전통을 이어받긴 했으나 새로운 시대의 요구에 맞추어 차별되는 몇 가지 특성이

---

　*　Long Term Ecological Research. 더 자세한 최신 정보는 https://lternet.edu/ 에서 찾아볼 수 있다.

　**　The National Ecological Observatory Network

　*** National Science Foundation

있다. 첫 번째, 자동화된 자료 수집과 원격 탐사Remote Sensing를 통해서 지구 생태계에서 일어나는 변화를 이전에는 생각할 수 없었던 넓은 면적에 걸쳐 실시간으로 관측하는 것을 목표로 한다. 둘째, 단순히 정부의 지원을 받는 기초 과학의 단계를 벗어나 법인을 설립하여 자체 수익을 올리는 방향으로 연구를 진행한다. 마지막으로 장기생태연구와 마찬가지로 표준화된 자료를 구축할 뿐 아니라 이를 통합하고 외부에 공개하는 것을 주요 사업으로 삼는다. 방 안에서 컴퓨터만 켜면 전 지구 생태계의 상태를 한눈에 볼 수 있고, 어떤 변화가 일어날지를 정확히 예측할 수 있는 공상 과학 소설에서나 나올 법한 목표를 향해 가는 중이라 할 수 있다.

한편, 국제적 연구가 필요해짐에 따라 등장한 몇몇 국제적 협약이나 기관 중 대표적인 것은 '정부 간 기후변화에 관한 협의체IPCC*'이다. 기후변화가 전 세계의 핵심 의제로 떠오르기 시작하자, 1988년 유엔환경계획UNEP**과 세계기상기구WMO***에 의해 이 기관이 발족되었다. UNEP는 정책과 외교에 집중하는 기구이고, WMO는 과학에 중점을 둔 기관이라면 IPCC는 그 중

---

*   Intergovernmental Panel on Climate Change

**   UN Environment Programme

*** World Meterological Organization

간쯤에 위치한다. 즉 기초 과학 연구나 전 세계적인 외교적 협력을 주도하는 것이 목적이라기보다는 과학기술자들의 발견에 기초하여 정책 입안자들의 결정에 필요한 자료를 제공하는, 쉽게 말해 과학과 정책을 연결하는 역할을 담당한다. IPCC는 현재까지 5차례의 보고서를 발간했고, 2021~2022년에 걸쳐 6차 보고서가 발간될 예정으로, 기후변화와 관련된 가장 신뢰할 만한 정보를 가지고 있다. 이 보고서에는 기상이나 대기에 관한 내용들도 다수 포함되어 있지만, 기후변화와 밀접하게 연관되어 있는 생태계의 현황이나 반응에 대한 내용도 큰 비중을 차지한다. IPCC는 기본적으로 세 개의 워킹 그룹으로 나누어져 활동하고 있으며 보고서도 이에 맞추어 발간한다. 첫째는 기후변화의 과학적 이해Physical Science 에 관한 부분, 둘째는 기후변화의 영향Impacts, 적응Adaptation, 취약성Vulnerability, 그리고 마지막은 기후변화 완화Mitigation에 관한 내용이 그것이다. 이 각각에서 생태계 연구는 중요한 역할을 담당하고 있다.

상대적으로 덜 알려져 있지만 생태계 연구와 밀접한 관련이 있는 다른 국제 기관은 생물다양성과학기구IPBES*이다. UNEP

---

*   The Intergovernmental Science-Policy Platform on Biodiversity and Ecosystem Services. 현재는 이렇게 번역하고 있으나 본래 영문 명칭을 충실히 반영하자면 '생물다양성과 생태계서비스에 관한 정부간 과학 – 정책 플랫폼'이라고 하는 것이 적절하다고 생각한다.

가 주관이 되어 유엔교육과학문화기구UNESCO*, 세계식량농업
기구FAO*, 유엔개발기구UNDP* 등의 기관이 협력하고 94개국의
참가로 2010년 결의되어 2012년에 발족되었다. 이 기구는 생
물다양성이 급격하게 감소함에 따라 인간이 얻을 수 있는 이익
인 '생태계서비스'가 광범위하게 감소하는 것에 대응하기 위해
설립되었다. 생물다양성의 보전과 지속 가능한 이용, 장기적 인
류 복지, 생물다양성 및 생태계 서비스에대한 과학과 정책 간의
상호 연계성 증대를 목적으로 하고 있다. 주로 지구 평가, 지역
평가, 주제 평가로 나누어 지구 전역에서 벌어지고 있는 생태계
의 파괴 양상을 평가하고, 새로운 과학적 지식을 창출하며, 관
련 정책을 지원하고, 관련된 역량 강화 활동을 한다.

　생물학 혹은 환경과학의 분과로서의 생태계 개념은 더욱
확장되어 현대에 들어서는 타 학문 분야에서도 흥미로운 키워
드로 활용되고 있다. 특히 경제학이나 경영학에서 생태계 연구
에서 사용되는 개념들을 확장하고 유비로 사용하는 경우를 흔
히 볼 수 있다. 생태학은 '경제적인 이익을 포기하더라도 자연
환경을 지키고자 하는 학문'으로 이해되고, 경제학은 '사람들의

*　UN Educational, Scientific and Cultural Organization
**　Food and Agriculture Organization
***　UN Development Programme

복리 후생 증진을 위해서는 생태적 건강성을 어느 정도 파괴해도 된다는 학문'으로 이해되고 있는 현대 사회에서 경제학이 생태학 연구로부터 어떤 아이디어를 얻으려고 한다는 것이 역설적으로 들리기도 한다. 그렇지만 앞에서 살펴본 바와 같이 생태계는 그 용어의 출발부터 경제학 용어를 차용하는 등 경제학과 서로 밀접한 연관을 가지고 발전해왔다.

생태계 연구와 경제학의 접점을 보여주는 대표적인 사례는 '생산성Productivity'이라는 용어다. 생태학에서 생산성이란 식물과 같은 생물들이 태양 에너지를 이용한 광합성으로 새롭게 생산해내는 유기물의 양을 뜻한다. 혹은 동물이나 식물이 다른 동물을 잡아먹고 자신의 몸에 새로운 유기물을 축적하는 것을 말하기도 한다. 이것은 경제학에서 노동, 자본, 기술을 투여하여 새로운 재화를 생산하는 것과 비슷한 개념이다. 경제학에서 사용될 법한 이 단어가 생태학에 유입된 것은 매우 자연스러운 일이었다. 초기 생태학자(혹은 현대 우리가 생각하기에 생태학과 관련된 연구를 수행했던 학자)들은 산림에서 목재를 얼마나 얻을 수 있을지, 혹은 바다에서 생선을 얼마나 잡을 수 있을지에 관심이 있었다 (Scurlock al., 2002). 즉 산림 목재의 수확, 바다에서 나는 생선의 어획량 등은 경제학적으로나 생물학적으로나 매우 중요한 연구 대상이었던 것이다. 매년 자라나는 나무들, 또 새로 잡히는 물고기의 숫자와 무게를 계량하면서 자연스럽게 생산자Producer라는 용어가 생태학에 도입되었다. 이렇게 생산자가 만들어낸 것을 먹어 치우는 혹은 소비하는 생물들에게 소비자Consumer라는 명칭을 붙인 것은 자연스러운 귀결이다. 생태학과 경제학이 상호 보완적으로 발전할 수 있는 근거에 대해서는 경제학자인 케네스 볼딩Kenneth Boulding이 잘 지적하였다(Bandurski, 1973). 그는 생태학과 경제학의 유사점을 총 다섯 가지로 요약하였다. 첫째, 두 학문 모두 개인 혹은 개체에 대한 연구뿐 아니라 한 종의 집단 혹은 다수의 개체들을 대상으로 연구한다. 둘째, 기본적으로 두 학문 모두 일반평형General equilibrium을 이론 전개의 중요한 개념으로 하고 있다. 셋째, 두 학문 모두 이러한 평형을 이루기 위해 개체나 집단들 사이의 교환체계System of exchange가 중요한 역할을 담당한다. 넷째, 두 학문 모두 발전Development에 대한 개념을 내포하고 있다. 다섯째, 두 학문 모두 자연적인 평형을 인위적인 정책을 통해 인간이 유리한 방향으로 평형을 깨려고 한다는 점에 주목한다.

　　오늘날 생태학, 특히 생태계 개념은 단순히 생물학 연구자만을 위한 개념이 아니다. 실제로 생태계 연구에 참여하고 있는 많은 학자들은 전통적인 생물학의 경계를 벗어나, 분석화학, 원격탐사Remote Sensing와 지리정보시스템GIS*, 미기상학과 같이 전통적으로 생태학과는 거리가 먼 분야에 전문성을 가지고 두각을 나타내는 경우가 많다. 또 연구 대상이 되는 생태계도 인

간의 간섭이 배제된 온전한 자연보다는 인간의 영향이 주도적
인 도시를 대상으로 하는 경우가 늘고 있다. 이 책의 마지막 부
분에서 다시 살펴보겠지만, 이제 생태계 개념은 인간 자신의 안
위와 번영을 위해서도 활용되어야 할 일종의 사고 체계이다. 더
나아가 생태계 개념은 다른 학문 분야와 인류가 직면한 현실적
인 문제를 해결하는 열쇠로 발전해 나가야만 할 것이다.

그렇다면 실제 생태계 연구는 과학자들 사이에서 구체적
으로 어떻게 수행되고 있을까? 이에 대해서 '물질 순환'**이라
는 생태계의 반응을 중심으로 다음 장에서 살펴보고자 한다.

*   Geographic Information System

**   'Nutrient Cycle'이라는 용어를 번역한 것으로, '양분 순환' 혹은
       '영양소 순환'이란 용어를 사용하기도 한다.

제 2 장

연결된 다양성:
생태계의 물질 순환

생태학자들은 전통적으로 자연에 존재하는 생물들이 몇 종류나 있고, 얼마나 있으며, 왜 거기 있는지를 집중적으로 조사한다. 이런 유형의 생태학 분과를 '개체군생태학Population ecology'과 '군집생태학Community ecology'이라고 한다. 이와 달리 어떤 종이나 집단이 하는 행동을 집중적으로 연구하는 분야는 '행동생태학Behavioral ecology'이라고 한다. 같은 생태학에 속해 있지만 이런 학문 분야는 내 전공과 상당히 거리가 멀다. 10년 전 학과 교수들과 산행을 갔다가 쩔쩔맸던 적이 있다. 산길을 가다가 새로운 꽃이나 나무를 보면 자꾸 나에게 무엇인지 물어보는 것이었다. 다들 토목 전공의 엔지니어들이었으니 내가 그나마 관련이 있는 사람일지 모르겠지만 나는 '생태계생태학자'일 뿐, 꽃이나 새 이름에 관해서는 그냥 동네 아저씨와 비슷한 지식 수준을 갖고 있다.

　같은 생태학자여도 각자 연구하는 분야에 따라 세상을 보는 방식이 아주 다르다. 이해를 돕기 위해 뛰어난 지성을 지닌 외계의 생명체 중 생태학자가 내 강의실을 몰래 관찰하며 연구한다고 상상해보자. 그들은 곧 50여 개체가 한 방에 모여 있음을 파악하고, 그들의 장비로 우리 몸을 스캔해서 그 특징을 파악할 것이다. 각 개체들의 나이를 계산한 결과, 한 개체만 비정상적으로 늙었고, 나머지는 매우 젊고 건강함을 금방 파악한다. 이 외계인은 개체군생태학자이다. 다른 외계인은 한 개체만 앞에서 혼자 떠들고 나머지는 이 한 개체를 바라보며 아무 말도 않거나 가끔 졸고 딴 생각을 한다는 것을 발견하고는 도대체 왜 이런 행동을 보이는지 고민한다. 이 외계인은 바로 행동생태학자이다. 한편, 다른 생태학자는 이런 것에는 전혀 관심이 없고, 인간 신체의 구성 물질이 무엇인지, 분당 몇 그램의 이산화탄소가 방출되고 있는지 빠르게 분석한 다음, 몸을 따뜻하게 유지하는 에너지는 어디에서 왔는지 또 몸을 구성하는 질소는 어디서 얻어내는지 궁금해한다. 그는 일정 시간이 지나 50개의 개체가 어디론가 이동해서 무언가를 입에 구겨 넣는 모습과 그 과정에서 많은 양의 탄소와 질소가 몸 안에 들어가 대사되는 것을 보며 자신에 질문에 흡족한 답을 얻게 될 것이다. 이들이 바로 생태계생태학자들이다.

이 장에서는 외계인 생태계생태학자처럼 우리 자신과 우리의 지구를 되돌아본다. 지구라는 생태계를 이해하는 데 중요한 구성 요소는 탄소, 질소, 인 등의 원소를 바탕으로 만들어진 분자들이다. 이들은 생물체의 몸을 구성하는 뼈대일 뿐 아니라, 에너지를 저장하거나 생성하는 데 이용되기도 한다. 또 유전 물질이나 효소와 같이 생명체 유지에 필수적인 역할을 담당하는 물질의 성분이기도 하다. 지구의 다양한 생명체를 구성하는 탄소는 어디에서 왔으며 어떻게 지구를 순환하고 있을까? 질소와 인의 순환은 어떠하고 그 과정에서 어떤 환경 문제들이 일어날 수 있을까? 지구상에서 일어나는 '물질 순환'을 이해하면 이 물음들에 답할 수 있을 것이다.

지구를 움직이는 미생물들

물질 순환을 이해하려면 지구상에 존재하는 수많은 생물체들의 기본적인 물질 대사를 이해해야 한다. 우리가 흔히 떠올리는 순환 작용은 식물이 광합성을 하고, 많은 동물들이 식물을 먹고 소화해 배설하며, 최종적으로 사망하는 과정이다. 하지만 이는 전 지구적으로 일어나는 물질 순환을 피상적으로만 이해하는 것이다. 실제로는 눈에 보이지 않는 엄청난 수의 생물들이 이 과정에 관여한다. 이들이 바로 '분해자'라고도 불리는 미생물들이다. 미생물은 숫자가 많을 뿐 아니라 다른 동식물은 할 수 없는 다양한 생화학적 반응들을 매개함으로써 물질 순환에 핵심적인 역할을 한다. 이런 이유로 구체적인 물질 순환 얘기를 시작하기 전에 미생물에 대해 잠시 살펴보기로 하자.

미생물이란 우리의 맨눈으로 볼 수 없는 작은 생물들, 예를 들어 세균Bacteria, 곰팡이로 더 잘 알려진 균류Fungi, 고세균 Archaea, 바이러스Virus와 같은 것들을 말한다. '미생물'은 크기를 기준으로 삼은 용어로, 과학적으로 엄격히 정의된 용어는 아니 다. 진핵생물에 해당하는, 인간의 세포에 더 가까운 생물들도 크기만 작다면 미생물이라 부른다. 일반적으로 세상에 존재하 는 생물들을 동물, 식물, 미생물로 나눈다. 하지만 동물과 식물 의 분류가 아리스토텔레스 때부터 있었던 반면 미생물의 발견 은 그로부터 한참 후에야 이루어졌다. 인간의 시력이 이들을 발 견하기에는 너무 낮기 때문이다. 기록들을 보면 중세 이슬람 과 학자가 눈에 보이지 않는 생물들이 존재할 것이라고 추측했었 고, 이후 유럽에서 몇몇 사람들이 미생물의 존재를 관찰했다고 는 알려져 있지만 과학적인 발견은 17세기 들어서 네덜란드에 서 이루어졌다. 안톤 판 레이우엔훅Antonie van Leeuwenhoek이라 는 과학자가 자신이 설계한 현미경을 이용해서 세균을 비롯한 다양한 미생물을 관찰하고 보고함으로써 미생물의 세계가 인 간에게 처음 알려졌다. 이후 이 작은 생물들이 질병을 일으키는 원인이라는 것이 밝혀졌고, 파스퇴르Pasteur, 코흐Koch등의 연구 에 힘입어 미생물은 동식물과 어깨를 나란히 하는 하나의 분류 체계로 자리 잡았다.

물론 학계에서는 좀 더 다양한 분류 체계가 사용된다. 1980 년대에 대학에 들어가서 일반생물학을 배우게 되면 생물 분류 체계를 외워야 했는데, 당시의 절대적인 분류 체계는 코넬 대학 교수 휘태커Whittaker가 1960년대에 발표한 5분류 체계에 근거하고 있다. 그는 지구상에 존재하는 생물을 원핵생물Monera, 원생생물Protista, 진균계Fungi, 식물계Plantae, 동물계Animalia의 5개로 구분했다. 식물계와 동물계는 무엇인지 금방 알 수 있을 것같고, 진균계는 버섯과 곰팡이처럼 식물과 모습이 비슷하지만 광합성을 못하는 생물들을 묶어놓은 그룹이다. 원핵생물은 세균과 같은 미생물들을 의미한다. 원생생물은 원핵생물과 대별되는 진핵생물 중에서도 크기가 작은 것들을 묶어서 부르는 말이다. 이 분류 체계는 당시만 해도 절대적인 권위를 가진 기준이었지만, 내가 대학을 마치고 대학원에서 공부할 무렵 생물학연구에는 소위 말하는 '패러다임의 전환'이 일어나고 있었다.

만일 당신이 유럽 어느 국가 국경의 출입국 관리소 소장이고 갑작스럽게 밀려드는 난민들의 국적을 확인해야 하는 임무를 맡았다고 해보자. 아무 서류도 없던 시기에는 외모도 보고, 사용하는 언어도 보고, 또 자기 모국이라고 주장하는 나라에 대해 질문을 던져 제대로 대답하는지를 보고 판단을 할 수 있을 것이다. 이전의 분류 체계가 이러했다. 생물의 생김새, 번식하는 방법, 생화학적인 특성 등등 여러 가지를 분류의 기준으로 사용한 것이다. 그렇지만 여권을 사용하는 시대라면 바로 여권을 살펴보면 된다. 서로 다른 종은 진화의 단계에서 유전적으로 다르게 변화해온 결과다. 각각의 종이 가진 유전자의 유사성을 기준으로 서로 같은 종인지 여부를 판단하고, 다르다면 얼마나 오래전에 서로 다른 진화의 길을 밟았는지 등도 추측할 수 있다. 특히 과학자들은 유전자 중에 '16S rRNA'라는 부분이 모든 생물체에 존재하면서도 진화의 과정에서 조금씩 변형이 일어난다는 것을 알게 되었다. 1980년대 이 유전자(즉 긴 DNA 조각)의 염기서열을 빠른 속도로 분석하는 기술이 생기며 1990년대 들어서는 드디어 이것저것 볼 필요 없이 마치 여권을 확인하듯 특정 생물의 소속을 쉽고 명확하게 판단하는 방법을 고안해냈다. 이것이 바로 칼 우즈Carl Woese 등이 휘태커의 이론을 대체해 제안한 '3역 분류 체계Three-domain systems'다.

우즈의 주장에 따르면 지구상에 존재하는 생물은 세균역Bacteria, 고균역Archaea, 진핵생물역Eukarya 이렇게 3가지로 대별된다. 이 분류 체계는 기존의 사고방식을 완전히 뒤집어버리는 셈이었다. 새로운 분류 체계에 따르면 겉보기에는 비슷해 보이는 세균과 고세균이 사실은 아주 오래전에 진화의 분기점에서 갈려져 나온 상이한 생물이고, 우리가 보기에 완전히 다른 생물체인 동물, 식물, 그리고 곰팡이가 하나의 '역'으로 묶일 정도로 비슷하다. 인간 같이 고귀한 존재와 발가락 사이의 무좀균의 유전적 유사성이, 그 무좀균과 세균 사이의 유전적 거리보다 훨씬 가깝다는 사실을 받아들일 수 있겠는가? 이 이론은 처음에는 전통 생물학자들의 많은 비판을 받았지만 곧 정설로 자리 잡았고, 지금 대학교 1학년 학생들은 5개를 외우는 것 대신에 3개만 외우면 되어서 편리해졌다.

새로운 분류 체계는 눈에도 보이지 않는 미생물들의 존재가 지구상에서 얼마나 중요한지 보여준다. 실제 지구상에 존재하는 세균의 수는 엄청나다. 집 앞 잔디밭의 흙 단 1그램 안에도 약 4×10^8 개체 정도의 세균이 존재한다. 전 지구상에 존재하는 세균의 전체 숫자는 대략 5×10^{30} 개체 정도로 추산된다. 우주 은하계에 있는 모든 별의 숫자는 대략 1×10^{21}개 정도로 추산되니 우주 전체에 있는 별의 개수보다도 훨씬 많은 수의 세균이 지구상에서 우리와 공존하고 있는 것이다. 물론 미생물의 크기가 아주 작으니 숫자만 가지고 얼마나 많은지 얘기하는 것은 별 의미가 없을 수도 있다. 그렇다면 질량 면에서는 어떨까? 지구상에 존재하는 생물들의 질량은 얼마나 될까? 당연히 식물의 질량이 가장 크다. 지구상에 존재하는 모든 식물의 질량을 다 더하면 약 450 Gt탄소* 정도로 추산된다. 그렇다면 동물은 어느 정도 될까? 코끼리나 고래와 같은 커다란 동물들을 생각해보면 질량이 대단할 것 같지만 지구상의 모든 동물의 질량을 합쳐도 2 Gt탄소에

---

* Gt는 Giga ton(기가톤)의 약자다. 광고에서 나오듯 기가란 10^9을 의미한다. 1톤이 1000킬로그램이니, 1 기가톤은 1×10^{15}그램이다.

지나지 않는다. 또 이 중 절반은 절지동물Arthropod이 차지하고 있다. 그렇다면 미생물들의 생체량은 얼마나 될까? 세균 70 Gt 탄소를 포함해서 미생물 전체는 93 Gt탄소로 당당히 식물 다음으로 질량 면에서도 큰 비중을 차지하고 있다(Bar-On et al., 2018).

미생물의 대표 격인 세균은 숫자가 많고 양도 엄청날 뿐 아니라 유전적으로 형태적으로 매우 다양하다. 지구상에는 대략 10^{11}~10^{12} 종류의 세균이 존재하는 것으로 알려져 있다. 물론 세균은 동물이나 식물처럼 종 분류가 명확하지 않다. 왜냐하면 생식이 가능한 개체들을 서로 한 종으로 묶는 고전적인 종 개념이 통하지 않기 때문이다. 세균은 암컷 수컷이 없다는 점을 기억하라. 대신 아까 말한 16S rRNA 유전자가 97% 혹은 99% 이상 동일하면 같은 종이라 간주한다. 즉 대상 유전자가 서로 1~3% 이상 다른 종류들이 저렇게 많다는 말이다. 이렇다 보니 미생물들은 온갖 다양한 방식으로 대사, 성장, 번식하고 또 사멸한다. 우리처럼 산소가 있어야만 사는 종들도 있고, 산소가 독이라 산소가 없는 곳에서만 살 수 있는 종도 있다. 또 간사하게 산소가 있으면 있는 대로 없으면 없는 대로 자신의 유전자 발현을 바꾸면서 살아가는 종도 있다. 먹기 쉬운 포도당 같은 것만 먹고 사는 종이 있는가 하면 분해하기 어려운 석유나 플라스틱 같은 것을 굳이 먹고 살아가는 종도 존재한다. 이렇게 다양한 종류의 미생물이 온갖 화학 반응을 매개함으로써 지구상에 존재하는 생태계가 유지될 수 있다. 이 미생물들을 잘 이용해서 우리는 농업 생산성을 높이고, 쓰레기들을 분해해 버리며, 물을 깨끗하게 정화하고, 발효 식품을 먹고 (술도 이들 덕분이다!), 여러 가지 질병을 치료해서 살아간다.

눈에 보이지도 않는 미생물 특히 흙이나 물속에 사는 미생물에 대해서 이렇게 잘 알게 된 건 분자생물학적 방법론의 개발 덕이다. 예전에는 흙이나 물에서 사는 미생물을 연구하려면 이들을 먼저 분리해서 배양을 해야 했다. 미생물이 좋아하는 먹이를 섞어준 '배지'라고 부르는 곳에 흙이나 물에서 추출한 액을 넓게 펴주면 눈에 보이지도 않는 미생물 한 마리가 두 마리, 네 마리, 여덟 마리 이런 식으로 계속 분열해서 결국에는 눈에 보일 만큼의 덩어리로 자란다. 이를 콜로니Colony라고 한다. 이들에게 포도당과 같이 쉽게 소화할 수 있는 먹이를 투입해 많은 양을 만든다. 그 후 여러 가지 분석을 해서 이들의 특성을 연구하는 것이 전통적인, 소위 '배양 의존적Culture-dependent' 방법이다. 하지만 대다수의 미생물들은 인간이 제공한 배지에서 자라지 않는다는 점이 이 방법의 한계였다. 미생물이 살고 있는 자연의 환경은 대부분 척박하거나 자신들의 생리에 최적화된 아주 특이한 곳이다. 즉, 우리가 배지에 배양한 후 분석해서 얻은 결과는 실제 자연에서 벌어지는 미생물의 활동과는 매우 거리가 멀다는 말이다. 마치 서울 강남의 50평대 아파트가 한국의 집값을 대표하거나, 한국인의 평균 축구 실력이 손흥민 정도 된다고 하는 것과 마찬가지다.

이와 달리 1980년대부터 개발되기 시작한 연구 방법은 미생물을 바라보는 우리의 관점을 완전히 바꾸어놓았다. 일단 토양이나 물 속에 있는 유전자 즉 DNA를 모두 추출할 수 있게 되었고, DNA를 대량으로 증폭하는 중합효소연쇄반응PCR* 기술이 일반화되었다. 마지막으로 이 증폭된 DNA의 염기서열을 저렴하고 빠르게 측정하는 차세대 염기서열 분석방법NGS**이 일반화되었다. 또 이렇게 획득한 정보를 분석하고 가공하는 생물정보학Bioinformatics이라는 학문 분야가 발전하면서 점점 자연 속 실제 모습에 가까운 미생물에 대하여 알게 되었다. 이처럼 배양하는 과정 없이 미생물의 DNA를 추출해서 그 미생물을 파악하는 방법을 '배양 비의존적Culture-independent' 분석 방법이라 한다. 이렇게 얻어진 정보를 검토해보니, 이제까지 우리가 알고 있는 미생물은 실제 자연에 존재하는 것의 1~5%에 지나지 않았고, 95~99%의 미생물은 자연에 존재하고 있음에도 불구하고 우리가 배양해서 연구하는 방법으로는 검사가 불가능한 녀석들이라는 것이 밝혀졌다. 마치 우주가 뭔지도 모르는 암흑물

* Polymerase Chain Reaction
** Next Generation Sequencing

질로 가득 차 있는 것처럼, 자연의 흙과 물에도 우리가 뭔지도 모르는 미생물들이 잔뜩 존재하고 있는 것이다.

　최근 들어서는 우리 몸에 살고 있는 미생물에 대한 연구와 관심도 뜨겁다. 우리 몸을 구성하는 세포의 수는 모두 3.0×10^{13}개 정도로 알려져 있다. 그런데 우리 몸에 서식하는 미생물은 3.8×10^{13}개 정도로 추산된다(Senders et al., 2016). 이는 곧 우리 몸의 세포보다도 약 30% 정도 더 많은 수의 미생물이 우리 몸에 살고 있다는 말이다. 이 많은 미생물들은 어디에 서식하는 것일까? 대부분은 우리 장 내에 서식하고 있고, 피부나 생식기, 나아가 위와 같이 산성이 강한 곳에까지 미생물들이 있다. 이들을 통칭해서 인체의 미생물균총Microbiome이라 부른다. 이미 오래전부터 학계에서는 우리 몸에 온갖 미생물이 있다는 것을 어느 정도 알고 있었지만, 이들은 우리 몸에 질병을 일으키는, 어찌 보면 없어져야 할 귀찮은 기생충과 같은 존재로 여겨졌었다. 하지만 2000년대 들어오면서부터 이들이 사실 인간의 건강에 엄청난 역할을 담당한다는 것이 하나둘씩 밝혀지고 있다. 예를 들어, 대장에 존재하는 미생물들은 우리 몸이 대사하지 못하는 물질을 분해해서 흡수를 촉진시킬 수 있고, 그렇게 흡수된 대사산물 중 일부는 뇌로 이동해서 식욕 중추를 자극하기도 한다. 장 속에 존재하는 미생물이 우리 몸의 소화 기능에 변화를 일으키고 비만까지도 유발할 수 있음이 밝혀지기도 했다. 물만 먹어도 살찐다는 사람이나 아무리 기름진 것을 먹어도 살이 찌지 않는다는 사람들의 주장이 거짓이 아닐 수 있는 과학적 근거가 생긴 것이다. 또 이 미생물들이 우리 몸의 면역에 큰 영향을 미치고, 나아가 조절 작용까지 할 수 있다는 것도 밝혀졌다. 최근에는 장내 미생물이 만들어내는 물질이 뇌에 전달되어 우울증 등의 정신 질환을 일으키거나 조절할 수 있다는 사실이 밝혀지며 '장 – 신경계 축Gut-brain axis'이라는 개념까지 등장했다.

우리 몸에 사는 미생물이 신체의 여러 가지 반응과 대사를 조절하듯이, 지구 전체에 존재하는 엄청난 수의 미생물들은 지구의 여러 가지 반응들을 조절하고 매개한다. 이렇게 지구 표면 부근에서 생물이 매개되어 일어나는 반응들을 '생지화학적Biogeochemical' 반응이라고 하는데 바로 생태계 연구에서 핵심이 되는 '물질 순환'이 이 생지화학적 반응의 결과로 나타난다. 물질 순환이란 지구상에 존재하는 물질들이 화학적 형태를 바꾸면서 위치를 이동하는 것을 의미한다. 생태계를 연구하는 학자들이 주로 관심을 가지고 살펴보는 현상 중 하나이며 생태계 연구의 핵심 주제라고 할 수 있다. 물질 순환의 과정을 살펴보면, 눈에 보이지도 않는 이 미미한 생물체들이 지구라는 아름다운 행성이 유지되는 데 가장 중요한 역할을 담당하고 있음을 알 수 있다. 다음 장에서는 대표적인 지구의 물질 순환인 탄소 순환과 질소 순환, 그리고 인 순환에 대하여 살펴보자.

탄소 순환과 기후변화

오래전 인기 있었던 〈엑스파일X-files〉이라는 드라마 시리즈를 기억하는가. 멀더와 스컬리라는 FBI요원이 외계인과 연관된 듯한 여러 가지 사건을 추적하는 공상과학물로, 개인적으로 'Spooky'*라는 영어 단어를 완전하게 이해하게 된 흥미로운 시리즈였다. 주제곡도 스푸키할 뿐 아니라 항상 새로운 에피소드는 뭔가 말도 안 되는 엉뚱한 사건으로 시작하는, 즉 '밑밥'을 잘 깔아두는 프로그램이었다. 지금도 기억나는 한 에피소드는 외계인으로 추정되는 이상한 시체가 발견되는 것으로 시작되었다. 멀더가 그 시체의 목을 칼로 베어버리자 뜻밖에도 거기서

---

* 유령이 나오는, 으스스한, 괴기스러운 등의 의미가 복합된 의미이다.

피가 아니라 모래가 쏟아져 나오는 장면이 인상적이었다.

결론부터 말하자면 그 시체는 탄소가 아닌 '규소'를 기반으로 한 외계 생명체의 것이었다. 지구를 포함한 여러 행성의 지표면 부근에서 가장 많이 발견되는 원소 중 하나는 '규소'다. 지구 표면에서는 산소 다음으로 많이 존재하는 원소이고, 탄소와 비슷한 특성도 가지고 있다. 만일 생명이 우연히 탄생했다면 규소가 생명체의 기본 물질이 된다고 해도 특별히 이상하지 않을지도 모르겠다. 그런데 왜 지구에 존재하는 생명체의 대부분은 하필 많고 많은 원소 중 탄소를 기반으로 하는 것일까?

탄소의 특성 중 하나는 다른 탄소와 여러 형태의 결합이 가능하다는 점이다. 아이들이 가지고 노는 나무 블럭 중 공과 막대기로 구성된 것들이 있다. 공에 끼울 수 있는 구멍이 적은 경우와 많은 경우를 생각해보자. 어떤 것으로 더 다양한 모양을 만들 수 있을까? 당연히 구멍이 많은 공일 것이다. 탄소도 마찬가지이다. 단일결합, 이중, 삼중결합은 물론 벤젠고리와 같은 형태도 가능하기 때문에 생물체에 필요한 다양한 형태와 크기의 생물질 합성이 가능하다. 주기율표를 보면 규소도 탄소와 같은 14족에 속한다. 탄소만은 못해도 상당히 다양한 모양을 만들 수 있다는 뜻이다. 하지만 규소는 생명체에 필요한 다른 특성이 부족하다. 그것은 바로 에너지를 보유할 수 있는 성질이다. 탄소, 좀 더 정확히 말하자면 환원된 탄소는 많은 양의 에너지를 보유할 수 있다. 즉 탄소로 구성된 물질에는 에너지를 저장할 수도 있고, 거꾸로 이것을 산화시키면서 에너지를 발생시킬 수도 있다. 지구 생명체의 기본 원소로 탄소가 선택된 이유는 이 때문이다. 〈엑스파일〉의 시도는 참신했지만 과학적 설명은 부족한 부분이 있었던 셈이다.

　탄소가 지구 모든 생명체의 기반이며 이를 통해서 에너지 대사를 한다는 사실은 우리가 직면한 기후변화와 밀접하게 연관되어 있다. 많은 사람들이 기후변화 얘기를 할 때 머릿속에 떠올리는 것은 더워진 지구와 강수량의 변화이다. 좀 더 깊은 지식이 있는 사람들은 해수면 상승이나 북극해의 빙하가 없어진 미래를 그려보기도 한다. 그렇다면 이런 기상, 대기, 해양과 관련된 현상이 어떻게 각각의 생물과 연관되어 있을까? 이를 이해하기 위해서는 먼저 탄소가 어떤 형태로 존재하는지를 파악해야 하고, 지구 표면과 대기에서 벌어지고 있는 탄소의 이동과 변환, 즉 탄소 순환을 이해해야 한다.

　대기와 물, 그리고 토양에 존재하고 있는 탄소의 대표적인 형태는 이산화탄소CO_2라는 기체이다. 에너지 측면에서 보면 산화가 되어서 보유한 에너지양이 거의 없는 물질이다. 모두 타버린 잿더미라고 생각하면 쉽다. 지구에 서식하는 생물, 특히 녹색식물들과 일부 미생물들은 태양 에너지를 이용해 이산화탄소와 물로부터 여러 가지 유기탄소를 만들어낸다. 이것을 화학식

72

으로 간단히 표현하면 다음과 같다.

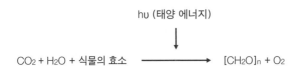

hυ (태양 에너지)

$$CO_2 + H_2O + 식물의 효소 \longrightarrow [CH_2O]_n + O_2$$

이러한 반응을 '광합성Photosynthesis'이라고 부른다. 광합성
이 일어나는 식물의 대표적인 기관은 잎에 많이 분포한 엽록소
다. 공기 중에 있는 이산화탄소와 땅속의 물을 흡수한 식물은
엽록소에 있는 여러 가지 효소(생물학적 촉매)를 이용해서 태양 에
너지를 붙잡아 위의 식에서 [CH_2O]_n라고 표시되어 있는 환원
된 탄소 물질을 만들어낸다. 대표적인 것이 포도당, 녹말 등으
로 이런 물질들은 태양 에너지와 달리 저장, 보관, 운반이 가능
하다. 비유해서 말하자면 핸드폰의 보조 배터리 같은 기능을 할
수 있다는 말이다. 결국 식물의 광합성 작용은 흘러 지나가버리
는 태양 에너지를 보관이나 운반이 가능한 화학적 물질로 바꾸
는 것이다. 이 과정에서 산소도 발생하기 때문에 숲을 지구의
허파라고도 부른다. 육상에서는 큰 나무와 풀들이 주로 이런 반
응을 담당하고, 바다, 호수, 강에서는 아주 작은 식물성 플랑크
톤이 광합성을 한다. 물의 빛깔이 초록이나 푸르른 빛을 띠게
되는 건 그 때문이다. 생물체는 이 환원된 탄소 물질들을 스스

로 만들거나 다른 생물을 잡아먹어서 몸 안에 저장한다. 우리가 밥을 먹는 것도 이런 과정이다. 이렇게 몸안에 들어온 환원된 탄소는 나중에 필요할 때 생물체 안에서 산화되어 에너지를 발생시키는데, 이 과정은 광합성 화학식의 정반대 식으로 표현할 수 있다. 이를 호흡Respiration이라 한다.

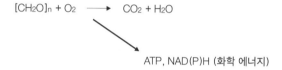

$$[CH_2O]_n + O_2 \longrightarrow CO_2 + H_2O$$

ATP, NAD(P)H (화학 에너지)

우리가 숨을 쉰다는 것, 즉 호흡이란 산소를 흡수해서 에너지를 발생시킨 후 이산화탄소를 배출하는 과정을 말한다. 우리와 같은 동물은 물론, 미생물, 그리고 식물도 같은 방법으로 에너지를 얻는다. 이렇게 생물체를 매개로 한 반응 때문에 전 지구의 수준에서는 탄소가 여러 가지 저장소Pool들 사이에서 순환을 하게 되며 이를 '탄소 순환'이라고 한다.

장기간에 걸쳐 살펴보면 광합성을 통해 대기에서 생물권으로 흡수되는 이산화탄소 양과 생물들의 호흡으로 방출되는 양은 어느 정도 균형이 맞아 있었다. 인간들이 18세기 산업혁명을 일으키기 전까지는 말이다. 산업혁명 시기부터 활발하게 사용되고 있는 석유, 석탄, 천연가스와 같은 물질들은 아주 오래전, 대략 수백 만 년 전 지구상에 살던 생명체가 죽은 후 썩지 않고 땅속에 파묻혔던 것들이다. 이러한 이유로 이런 연료들을 화석 연료Fossil fuel라고 부른다. 예를 들어, 석탄의 경우 지금부터 3.5억 년 전에서 약 3억 년 전까지 존재했던 '석탄기Carboniferous' 라 부르는 지질학적 시대에 생물체의 사체들이 땅속에서 변형을 일으켜 생성된 것으로 알려져 있다. 이러한 화석 연료들은 지구상에서 일어나는 탄소 순환으로부터 격리되어 존재했으나 인간이 이것을 캐내서 다량으로 태우기 시작하자 이산화탄소와 같은 형태로 방출되면서 대기 중 이산화탄소의 농도가 증가하기 시작했다. 이산화탄소는 메탄, 아산화질소와 함께 대표적인 온난화 기체로 지구의 온도를 상승시키는 주범이다. 이러한 과정들은 그림 2-1과 같은 전 지구적인 수준에서의 탄소 순환 모식도로 표현할 수 있다.

그림에서 보이듯이 식물을 포함해 광합성을 하는 생물들이 대륙과 대양에서 흡수하는 이산화탄소와, 모든 생물들이 호흡으로 배출하는 이산화탄소의 균형이 깨지고 있다. 이것은 화석 연료의 연소와 산림 파괴에서 추가로 배출되는 약 11Pg의 이산화탄소 때문이다. 이들 중 절반 정도는 대기 중에 축적되어 온난화 효과를 일으키고 있고, 나머지 절반 정도는 숲과 해양에 의해 흡수되고 있다. 하지만 숲과 해양이 추가로 흡수하는 것에도 한계가 있고, 그로 인한 부작용들도 보고되고 있다. 해양의

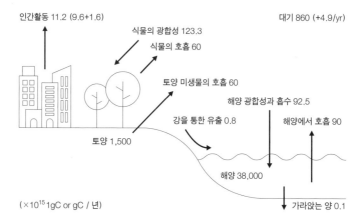

인간활동 11.2 (9.6+1.6)

대기 860 (+4.9/yr)

식물의 광합성 123.3

식물의 호흡 60

토양 미생물의 호흡 60

해양 광합성과 흡수 92.5

강을 통한 유출 0.8

해양에서 호흡 90

토양 1,500

해양 38,000

$(\times 10^{15} 1gC \text{ or } gC / \text{년})$

가라앉는 양 0.1

그림 2-1 전 지구 수준에서의 탄소 순환. 단위는 $\times 10^{15}$g 탄소량으로 보통 P(페타)라고 부른다. 좌측에 11.2Pg에 해당하는 부분이 인간이 화석 연료를 사용하고 산림을 파괴해서 발생키는 이산화탄소 양이고, 대기 중에는 매년 5Pg가까운 탄소가 이산화탄소 형태로 축적되어 기후변화를 일으키고 있다. [출처: Global Carbon Project]

경우 이산화탄소가 물에 녹아 들어가면 탄산염으로 바뀌면서 H^+ 이온을 내놓게 된다. 쉽게 말하면 이산화탄소가 물에 녹아 산으로 바뀌어 해양의 pH가 떨어지는 산성화가 일어나고 있는 것이다. 탄산 가스로 충전된 콜라와 같은 탄산음료의 pH가 얼마나 낮은지 들어봤다면 무슨 뜻인지 쉽게 이해할 수 있을 것이다. 산을 중화할 수 있는 이온이 잔뜩 들어있는 바닷물이 이 정도의 이산화탄소로 산성화가 될 것인가 회의하는 과학자도 많았지만, 지난 수십 년 동안 축적된 측정 자료를 보면 이런 일이 실제로 벌어지고 있다. 숲도 무한정 이산화탄소를 흡수할 순 없다. 오히려 지구 전체의 온도가 상승함에 따라 산림 토양속 미생물들의 호흡량이 증가하고 숲이 흡수하는 이산화탄소량이 줄 것이라는 예측도 나오고 있다.

현재 깨끗한 공기 중의 이산화탄소 농도는 이미 400ppm을 넘어섰다. 내가 대학원에 갓 입학했던 1993년에는 깨끗한 공기 중 이산화탄소 농도가 350ppm이라 배웠고, 2001년 귀국해서 처음 수업 시간에 학생들을 만났을 때는 375ppm이라 가르쳤다. 내 배에 지방 세포 수가 늘어나는 것만큼 대기 중의 이산화탄소 농도는 꾸준하게 늘어나고 있는 셈이다. 고기후Paleoclimatology를 연구하는 사람들의 자료에 따르면 지구상에서 지난 40만 년 동안 대기 중 이산화탄소의 농도는 한번도 300ppm을 넘은 적이 없다. 1750년 경 산업혁명이 시작된 이후로 인간들이 석유, 석탄과 같은 화석 연료를 마구 태워대고, 거기다 열대우림과 같은 숲을 파괴해서 도시와 농경지를 개발함에 따라 대기 중의 이산화탄소가 유례 없이 계속 증가하고 있는 것이다.

대기 중 이산화탄소 농도의 변화를 파악하는 일은 선도적인 과학자들의 노력이 있었기에 가능했다. 화석 연료를 사용하며 이산화탄소가 발생하는데, 화석 연료 사용이 계속 증가하고 있으니 대기 중 이산화탄소 농도도 계속 증가할 것이라는 추론은 누구나 할 수 있다. 하지만 실제로 장기 관측을 통해서 이런 일이 지구상에 벌어지고 있는 것을 밝히게 된 데에는 과학자 찰스 킬링Charles Keeling의 역할이 핵심적이었다. 킬링 이전에도 여기 저기서 산발적으로 측정된 자료를 토대로 대기 중 이산화탄소의 농도가 계속 증가하고 있다는 주장들은 있었지만, 한 장소에서 장기적으로 측정하지 않았다는 문제점 때문에 그저 과학적 논쟁거리일 뿐이었다. 이 문제를 알아보기로 결심한 후 미국 기상청의 연구비를 받게 된 킬링은 하와이의 마우나 로아Mauna Loa섬과 남극점 두 군데에서 1958년부터 이산화탄소 농도를 측정하기 시작했다. 이 지역을 선택한 이유는 사람들의 활동으로부터 멀리 떨어져 있고, 광합성으로 이산화탄소 농도에 영향을 주는 식생의 영향도 배제할 수 있었기 때문이다. 연구비가 부족해서 남극점 측정은 곧 중단되었지만 마우나 로아에서의 측정은 계속되었다. 1960년에 초기 자료로 이산화탄소 농도가 증가하고 있는 것 같다는 논문을 발표했고, 1970년대에 장기적인 자료가 쌓이자 킬링의 연구는 이제 확실한 사실로 받아들여지게 된다. 즉, 대기 중 이산화탄소의 농도는 계속 증가하고 있으며, 연도별로 뚜렷한 주기성을 보인다는 것이 과학적으로 입증된 것이다.

그림 2-2는 이렇게 측정된 이산화탄소 농도의 시간적 변화이며 이를 킬링 곡선Keeling curve라 부른다. 월평균 값을 기준으로 한 선은 톱니바퀴처럼 뾰족뾰족한 월별 변이를 보여주고

있고, 연평균 값을 기준으로 한 선은 이산화탄소 농도가 계속해서 증가하고 있음을 보여준다.

찰스 킬링은 2005년 사망했지만 이 측정은 지금도 지속되고 있다. 이 그래프는 여전히 '킬링 곡선'이라 불린다. 아들인 랠프 킬링이 이 연구를 지속하고 있기 때문만은 아닐 것이다. 이 연구는 매우 중요한 함의점을 가지고 있다. 첫째, 대기 중 이산

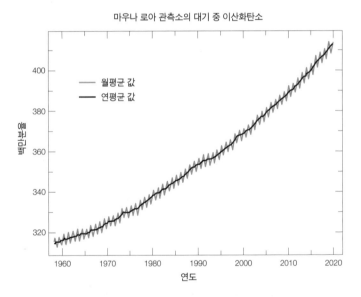

그림 2-2 대기 중 이산화탄소 농도의 월 변화 양상을 보여주는 '킬링 곡선'. 연평균 농도는 계속 증가하는 경향을 보여주고 있고, 월평균 농도는 한 해에 톱니바퀴처럼 계절적으로 변화하는 양상을 보여준다. 여름에는 식물의 광합성량이 증가하여 농도가 감소하고 겨울에는 광합성량 감소로 식물의 이산화탄소 흡수량이 줄어 다시 대기 중 농도가 증가하는 주기를 보여준다.

화탄소 농도는 정말로 증가하고 있으며, 이를 토대로 기후변화가 일어나고 있고 가속화될 것이라는 주장이 힘을 얻게 되었다. 둘째, 인간의 활동 — 여기서는 화석 연료의 사용 — 이 전 지구 대기 조성을 바꿔놓을 수 있을 만큼 엄청난 영향을 미친다는 것을 보여주었다. 마지막으로 미국의 해양대기청NOAA*을 비롯한 전 세계 과학자들에게 영향을 주어 지구 각처에 유사한 측정망들이 구축되었다. 우리나라에서도 안면도, 제주도 고산, 울릉도 세 곳에서 우리나라 대기 중 온난화 기체 농도의 장기적인 변화를 측정하고 있고, 전 세계적으로 200개 이상의 측정소에서 유사한 측정이 정밀하게 진행되어 세계온난화기체데이터센터 WDCGG**라는 연구 센터를 통해 자료가 정리, 축적되고 있다.

이산화탄소가 일으키는 기후변화뿐만 아니라 대기 중에 이산화탄소가 증가하는 것 자체도 생태계에는 큰 변화다. 그러나 이 변화에 대해서는 잘 알려진 바가 없었기 때문에 지난 20여 년간 나를 포함해서 여러 생태계 연구자들에게 아주 '뜨거운' 연구 주제였다. 공기 중의 이산화탄소가 지금 수준으로 증가하는 것 자체는 동물에게 직접적인 큰 영향을 미치지 않는다. 지금도 실내에서 강의하는 도중 혹은 자동차의 창문을

---

* National Oceanic and Atmospheric Administration
** World Data Centre for Greenhouse Gases

닫고 한두 시간 운전을 하면 실내의 이산화탄소 농도는 쉽게 1,000ppm을 넘어선다. 우리가 호흡을 통해서 계속 이산화탄소를 뿜어내고 있기 때문이다. 굳이 부작용을 말하자면 졸음을 느끼게 되는 정도일 것이다. 수업 시간이나 운전 중에 졸지 않으려면 창문을 열고 자주 환기를 해줘야 하는 이유이다. 그러나 식물들에게는 전혀 다른 상황이 벌어진다. 앞에서 살펴봤던 식물의 광합성 식을 다시 한번 기억해보자.

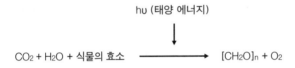

$$CO_2 + H_2O + \text{식물의 효소} \xrightarrow{\quad h\upsilon\ (\text{태양 에너지})\quad} [CH_2O]_n + O_2$$

식에서 볼 수 있듯 식물이 광합성을 하는 데 제일 중요한 요소는 보통 물과, 효소의 주요 성분인 질소, 그리고 햇빛으로 알려져 있었다. 따라서 식물이 잘 자라게 하려면 물과 비료를 줘야 하고 충분한 햇빛이 필요하다. 기존의 연구에서 이산화탄소는 크게 중요하지 않은 요소라고 간주되었다. 왜냐하면 그 농도가 크게 변화하지 않는 일종의 '상수'라고 생각했기 때문이다.

그렇지만 대기 중 이산화탄소 농도가 계속 증가하면 식물은 전혀 새로운 환경에 처하게 된다. 1980년대부터 생태학자들은 이 현상에 관심을 가지고 실험적인 연구들을 시작한다. 만일 식물이 이산화탄소 농도가 높아지는 상황에 보조를 맞추어 광합성량을 계속 증가시킨다면 인간에게는 좋은 소식이다. 식물이 더 빨리, 크게 자라면서 대기 중의 이산화탄소를 흡수해버리면 기후변화와 같은 문제는 저절로 해결될 테니 말이다. 지금도 미국의 트럼프 대통령 같이 기후변화를 인정하지 않는 사람들이 주로 차용하는 이론이다. 비유를 하자면 이산화탄소는 식물에게 밥과 마찬가지이다. 밥을 많이 먹어도 키나 살로 가버리면 그만인 것이다. 그런데 과연 밥을 많이 먹으면 그냥 키만 커지는 것일까? 한창 성장기의 아이들에게는 맞는 말이다. 그렇지만 중년 이후의 사람들은 밥을 많이 먹으면 당뇨병이나 혈관질환 같은 병들이 생기기도 한다. 식물에게는 과연 어떤 일들이 벌어질 것인가?

이 물음에 답하기 위해서 생태학자들은 다양한 실험을 수행했다. 가장 쉽게 생각할 수 있는 실험은 현재 상태의 이산화탄소에 노출시킨 식물과 인공적으로 높은 이산화탄소에 노출시킨 식물을 비교하는 것이다. 문제는 이산화탄소의 농도를 어떻게 높게 유지할 것인가이다. 처음에는 냉장고와 같은 큰 배양기에 이산화탄소를 추가로 투입한 환경과 아무런 조치를 취하지 않은 환경 각각에서 식물을 키우며 비교를 했다. 하지만 이러한 접근은 곧 비판에 부딪힌다. 배양기 안은 인공적인 환경이라 자연의 상태를 모사하기 힘들다는 문제점 때문이다. 곧 과학자들

은 배양기 수준을 뛰어넘는 이산화탄소 모사 장치를 고안하기
시작한다.

영국의 '솔라돔Solardome'이라는 시설은 일종의 온실과 같
이 생긴 유리 시설물 내에 이산화탄소를 투입해 이산화탄소 농
도가 높은 미래 환경을 만들어내는 대표적인 이산화탄소 모사
장치이다. 솔라돔은 온실과 유사한 형태지만 아래쪽은 공기가
통할 수 있도록 개폐되어 있어서 투입한 이산화탄소는 온실 내
에 체류했다가 밖으로 빠져나갈 수 있도록 설계되었다. 또, 현
재의 상태를 반영하는 대조구Control 내의 온도와 이산화탄소 농
도를 연속 측정한 다음 이를 참조해 실험구의 환경을 다양하게
조성할 수 있다는 장점이 있다. 예를 들어 온풍과 이산화탄소를
불어 넣어서 대조구 온도보다 $4°C$ 높은 상황, 대조구 CO_2 농도
보다 350ppm 높은 상황, 그리고 이 두 가지 모두 일어나는 상
황 등 총 4가지 환경을 모사할 수 있는 것이다.

하지만 여전히 인공 시설일 뿐이라는 비판이 있었다. 그 비
판을 극복하기 위해서 또다시 새로운 설비가 등장했다. 예를 들
어 미국 버지니아주 에지워터라는 작은 동네에 위치한 스미소
니언 환경연구센터Smithsonian Environmental Research Center에는 연
안습지에 육각기둥 형태의 텐트와 비슷하게 생겼으나 덮개는
없는 'open-top chamber'라는 설비가 설치되어 그 안으로
이산화탄소 기체를 유입시키는 시설이 있다. 덮개가 없으니 이

산화탄소를 투입하면 천장으로 모두 빠져나가지만 벽에 둘러쳐진 텐트 같은 구조물 덕분에 그 내부에 이산화탄소를 높은 농도로 유지할 수 있게 된다. 그러나 과학자들이 완벽을 추구하는 과정은 끝이 없다. 이 역시 텐트 같은 구조물이 자연 상태와는 다르다는 비판에 봉착했다. 이런 문제를 '상자효과Chamber effects'라고 하는데, 어떤 인공 구조물을 만들면 그 구조물의 가장자리는 자연과 다른 환경이 조성되어 자연을 정확히 반영할 수 없다는 생각이 자리 잡고 있는 것을 의미한다. 그렇다면 텅 빈 공간에 이산화탄소 농도를 인위적으로 높게 만드는 완벽한 방법이 있긴 한 것일까? 공중에 고압 이산화탄소 탱크 밸브를 열어서 마구 뿌려대기라도 해야 할까? 바람이라도 불면 기체가 이리저리 나부낄 텐데 어떻게 원하는 환경을 만들어낼 것인가?

질문이 있으면 해답이 만들어지기 마련이다. 과학자들은 이후에 FACE*라는 이름의 좀 더 개선된 장비를 고안했다. 미국의 브룩헤이븐 국립연구소Brookhaven National Laboratory에서 개발된 것으로 알려진 이 설비는 기본적으로 연구 대상이 되는 육상 생태계 지역 주변에 수직으로 세운 파이프들을 원형으로 배치한 후 중앙을 향해 이산화탄소를 뿜어주는 형태로 구성되어 있

---

* Free Air Carbon Dioxide Enrichment

다. 중앙에는 이산화탄소 센서, 풍향 풍속 센서 등을 설치해서 바람의 방향과 강도를 감지한다. 이 기술의 핵심은 파이프가 둘러싼 공간의 이산화탄소 농도가 일정하게 유지되도록 계속해서 자동으로 파이프의 개폐를 조절하는 것이다. 마치 공기 덩어리를 손으로 이리저리 치면서 한 곳에 있도록 만드는 것만큼이나 황당한 기술처럼 보이지만, 파이프로 둘러싸인 공간의 이산화탄소 농도만 우리가 원하는 대로 높일 수 있는 획기적인 방법이다.

　이러한 설비들이 실제로 어떻게 생겼는지는 부록에서 살펴볼 수 있다. 지금까지 설명한 여러 가지 장비를 이용해 대기 중 이산화탄소 농도가 증가하면 육상 생태계에서는 어떤 변화들이 있을지에 대한 흥미로운 연구 결과들이 많이 도출되었다. 먼저 이산화탄소 농도가 증가하면 식물이 더 크게, 빨리 자라는 것이 관찰되었다. 특히 지상부보다는 지하부, 즉 뿌리가 크게 자랐다. 광합성에 필요한 이산화탄소량이 많아지니, 질소나 물을 더 흡수해야 하기 때문이다. 두 번째는 식물체나 잎의 화학적 구성이 바뀐다. 탄소를 많이 포함하고 있는 난분해성 물질들의 양이 증가하고 특히 탄소와 질소의 비가 유의하게 증가한다. 이렇게 되면 낙엽의 분해 속도가 느려진다. 이러한 관측에 근거해서 이산화탄소 농도가 증가하면 토양에 더 많은 탄소가 쌓일 수 있을 것이라는 주장도 나오게 되었다. 하지만 안타깝게도 후

속 연구들에 따르면 광합성 증가로 만들어진 식물체 내의 유기 탄소 일부가 토양으로 들어가면 오히려 오랫동안 안정화되어 있던 유기물의 분해 속도를 증가시켜서 식물체 증가량을 상쇄 하므로 결국 육상 생태계에 쌓이는 탄소량은 미미할 것으로 밝혀졌다(van Groenigen et al., 2014). 세 번째, 습지 식물의 경우 광합 성이 증가하면 식물체가 커지는 대신에 추가로 만들어진 유기 물들이 식물 뿌리를 통해서 흙속과 물속으로 이동한다.

　세 번째 발견은 내가 직접 참여했던 연구의 결과물인데, 영 국 유학 시기에 앞에서 얘기했던 솔라돔에서 '펜Fen'이라 부르 는 습지 토양을 높은 이산화탄소에 노출시키면 어떤 일이 일어 나는지를 살펴보았다. 높은 이산화탄소에 노출시켜도 식물이 유의미하게 크게 자라지는 않았지만 놀랍게도 습지 속 토양 내 에 녹아 있는 용존유기탄소DOC*라는 물질의 양이 증가했다. 나 뿐 아니라 다른 대학원생들이 다른 종류의 습지를 대상으로 연 구한 결과에서도 비슷한 경향이 발견되었다. 당시에 유럽을 포 함한 세계 여러 하천에서 DOC의 농도가 계속 증가하는 현상이 발견되었지만 정확한 원인은 모르고 있었다. 우리 연구진의 연 구 결과는 대기 중 이산화탄소 농도가 증가해 식물의 광합성을

＊　Dissolved Organic Carbon

증가시키고, 그 결과 식물은 더 많은 유기탄소를 만들어내는데, 이들이 뿌리를 통해 DOC의 형태로 배출되고 하천에 흘러들어서 하천 DOC의 농도를 증가시킨다는 획기적인 가설로 발표되었고, 결국에는 『네이처Nature』에 실리는 기쁨까지 누리게 되었다(Freeman et al., 2004). 이 연구는 이후 FACE나 스미소니언 환경 연구센터의 장비를 이용해서 토양 내 미생물이 어떤 영향을 받을지에 대한 후속 연구로 이어졌고, 최근에는 중국의 연구진과 함께 기존의 가설에 반하는 새로운 발견들이 이어지고 있다.

　그렇다면 생태계에서 일어나는 탄소 순환을 정확히 이해하는 것이 기후변화 문제의 예측이나 해결에 어떤 도움을 줄 수 있는 것일까? 앞에서 말한 바와 같이 육상이든 해양이든 생태계의 일차생산성을 증가시키면서 동시에 미생물 호흡량을 줄일 수 있는 방법이 존재한다면 생태계 내에 더 많은 탄소를 저장해둘 수 있으므로 기후변화 완화에 큰 기여를 할 것이다. 앞의 그림 2-1에서 살펴본 바와 같이 인간이 산업 활동으로 내놓는 탄소량이 매년 11Pg정도인데, 식물이 광합성으로 흡수하는 양이 120Pg을 넘는다. 식물의 광합성량을 10% 증가시킬 수 있다면 인간이 배출하는 이산화탄소 전체를 흡수해서 없애는 셈이 되는 것이다. 그런 이유로 지금까지는 어떻게 더 많은 나무를 심을 것인지, 어떻게 열대를 비롯한 울창한 산림이 파괴되지 않게 보존할 수 있을지 등 육상과 해양 생태계의 일차생산성을 증가시키는 방법에 대한 연구가 널리 수행되었다. 그러나 식물의 광합성량을 전 지구적 수준에서 증가시키는 것은 거의 불가능한 기술이고, 조림이나 재림으로 숲의 면적을 계속 늘리는 것도 결코 쉬운 일은 아니다. 따라서 최근에는 토양의 미생물 호흡으로 배출되는 60Pg의 탄소를 줄이는 방법에 대해서도 많은 연구와 논의가 진행되고 있다. 예를 들어, 탄소 분해 기작을 속속들이 이해하게 되면 그 핵심적인 요인들을 조절해서 토양 내에 쌓이는 유기물이 미생물에 의해 빨리 분해되지 않도록 하는 기술로 연결될 수도 있을 것이다. 이 문제에 대해서는 마지막 장에서 더 자세히 살펴보도록 하겠다.

질소 순환과 환경 오염

어렸을 때 일이다. 집의 화장실이 붐비던 어느 날 아침 너무 급한 나머지 나는 마당 한구석의 잔디밭에 소변을 볼 수밖에 없었다. 잔디에게 좀 미안하기도 했지만, 나중에 이것은 하나의 짓궂은 놀이가 되어버렸다. 그런데 죽어버릴 줄 알았던 내 방뇨장의 잔디들은 몇 주 후 오히려 푸르다 못해서 검은색을 띠며 키가 훨씬 크게 자라기 시작했다. 나중에 알게 된 바로는, 잔디에 내가 못할 짓을 한 것이 아니라 오히려 잘 자라는 데 꼭 필요한 '질소'라는 물질을 공급했던 것이다.

질소는 모든 생물의 생존에 필요한 단백질과 핵산의 주요 구성 물질이다. 따라서 동물이고 식물이고 충분한 질소를 흡수해야만 살아갈 수 있다. 근육을 만들려면 붉은 살코기나 두부를 먹어야 하는 까닭도 근육이 질소가 많이 포함되어 있는 아미노

산의 연결로 이루어져 있기 때문이다. 생물체에 있는 질소들은 평생 그 안에 있는 것이 아니라 생물이 배설을 하거나 죽어서 썩으면 물, 흙, 공기를 통해 다른 곳으로 이동하고 형태도 바뀌며 일부는 다시 대기 중으로 돌아간다.

질소의 순환은 생물체가 필요로 하는 물질들의 순환 중 가장 복잡하다. 그 이유는 질소를 포함한 물질이 매우 다양한 화합물 형태로 존재할 수 있기 때문이다. 독자들이 화학식을 별로 좋아하지 않는다는 점을 잘 알고 있기 때문에 가능하면 화학식 없이 설명을 이어가려고 했지만, 불가능하다는 것을 깨닫고 결국 다시 식으로 돌아간다. 화학식만 보면 머리가 아픈 분들은 이 부분을 건너뛰고 읽어도 좋을 것 같다. 다만 이것 한 가지만 기억하면 좋겠다. 어떤 물질에 산소O가 많이 붙어 있을수록 산화되어 에너지가 많이 소모된 물질이고, 반대로 수소H가 많이 붙어 있을수록 환원되어 에너지를 많이 보유한 물질이다. 이 정도는 '산화수'라는 숫자로 표시되는데 숫자가 클수록 산화가 많이 되어서 에너지가 없는 상태고, 작을수록 (즉, 마이너스 값이 클수록) 더 많은 에너지를 보유하고 있는 상태다. 다양한 형태의 질소화합물을 표1에 정리해두었다.

표 1 다양한 형태의 질소 화합물의 명칭, 화학구조식, 산화수

명칭	화학식	산화수
유기질소	$R-NH_2$	-3
암모니아	NH_3	-3
질소기체	N_2	0
아산화질소*	N_2O	+1
산화질소	NO	+2
아질산염	NO_2^-	+3
이산화질소	NO_2	+4
질산염	NO_3^-	+5

質소는 어디에나 많이 존재한다. 공기를 구성하고 있는 성분의 79%가 질소기체N_2이다. 하지만 우리가 숨을 들이쉬며 질소기체를 마신다고 해도 질소기체를 우리 몸 안의 성분으로 만들 수는 없다. 질소기체의 두 질소 원자는 서로 삼중결합을 하고 있어 아주 안정된 상태이며 다른 물질로 쉽게 바뀔 수 없기 때문이다. 토양 내에 존재하는 바실러스, 클로스트리디움, 라지오비움, 프랭키아, 노스톡, 아나베나, 아조토박터와 같은 일부 미생물만이 공기 중의 질소기체를 암모니아나 기타 생물들

*　화학자들은 '산화이질소'라는 명칭이 정확하다고들 하나, '아산화질소'가 타 분야 과학자들에게는 더 널리 쓰이고 있는 단어라 이렇게 지칭했다.

이 사용할 수 있는 형태의 질소로 변환할 수 있다. 이 과정을 '질소고정Nitrogen fixation'이라 부른다. 공기 중에 돌아다니던 질소를 한곳에 붙잡아 둔다는 뜻에서 붙인 명칭이다. 이 과정은 아주 에너지가 많이 소비되는, 즉 생물의 입장에서는 비용이 많이 드는 반응이다. 그럼 이 미생물들은 무엇 때문에 자기 에너지를 소비해서 이런 일을 하는 것일까? 미생물은 주변의 식물들과 일종의 거래를 해왔다. 즉, 오랜 진화의 과정에서 미생물들은 식물 뿌리에서 제공되는 탄소를 먹고 살게 되었고, 그 반대급부로 질소고정을 통해 식물에게 질소를 공급하게 된 것이다. 아주 극단적인 경우에 어떤 미생물들은 식물의 뿌리 속에서 공생하며 살아가는데 이런 녀석들을 '뿌리혹 박테리아'라고 한다. 콩과식물들은 대부분 미생물과 이러한 공생 관계를 유지하고 있으므로 콩은 질소 성분으로 구성된 단백질을 많이 함유하고 있다. 콩으로 만든 음식들을 우리가 '밭에서 나는 쇠고기'라고 부르는 까닭이다.

질소고정을 통해 식물체나 미생물 몸속에 들어온 질소는 생물이 배출을 하거나 죽으면 유기질소 형태로 토양에 존재하다가 미생물이나 식물 뿌리가 배출한 효소에 의해서 암모늄으로 분해된다. 이들은 다시 식물이나 미생물에 흡수되기도 하지만, 일부는 이 암모늄을 태워서 에너지를 얻는 미생물에 의해 아질산염을 거쳐 질산염으로 산화된다. 이 과정을 '질산화

Nitrification'라 한다. 이 미생물들은 광합성도 아니고, 다른 유기 탄소를 먹어서 태우는 것도 아닌, 환원된 질소를 태워서 에너지를 얻는 독특한 대사를 한다. 이렇게 광물질을 에너지원으로 이용하는 생물들을 '무기영양생물Lithotroph'이라고 부른다.

또 다른 독특한 질소 변화 반응이 있는데 바로 '탈질Deni-trification'이라 부르는 과정이다. 산소가 없고 유기탄소가 많은 조건에서는 일부 미생물들이 호흡을 할 때 산소가 없으니 다른 물질을 대신 사용하기도 한다. 이런 반응을 '무산소 호흡Anaerobic respiration'이라 한다. 호흡을 하는데 산소가 없다니, 무슨 앙꼬 없는 찐빵과 같은 소리인가 생각할지도 모르지만, 이런 미생물 대사 작용도 있다. 이들은 산소 대신 비슷하게 생긴 질산염을 이용해서 대사를 하며 그 결과로 아산화질소나 질소를 산물로 만들어 기체로 날려 보낸다. 이 반응이 일어나려면 산소가 없어야 하고 유기탄소는 많아야 하니, 탈질은 주로 습지, 하천변, 하수 처리장, 하천의 바닥과 같은 곳에서 일어난다.

지금까지의 반응들만으로도 정신이 하나도 없을 텐데 질소 순환과 관련된 미생물의 반응은 한 가지가 더 있다. '아나목스Anammox'라는 반응이다. 여기서 아나목스는 ANaerobic AMMonium Oxidation의 머리글자를 딴 단어로 우리말로는 '혐기성 암모늄 산화'라는 뜻이다. 다른 질소 반응에 비해 비교적 최근인 1999년에 발견된 아나목스는 아질산염을 이용하여 암모늄을 산화시키고 그 결과로 질소기체와 물을 만드는 매우 묘한 반응이다. 이론적으로는 가능할지라도 실제로 자연계에서 일어날 거라고는 아무도 생각하지 못했던 놀라운 발견이다. 아나목스는 해양에서 질소기체가 만들어지는 데 위에서 언급한 탈질 이상으로 중요한 역할을 담당하는 것이 알려졌고, 이에 따라 물에서 질소를 제거하는 수처리 공정에서 큰 관심을 끌고 있다. 한 번의 반응으로 아질산염과 암모늄을 동시에 없애는, 일종의 '일타쌍피' 반응이기 때문이다.

위에서 말한 반응들은 각기 다른 미생물 종들의 다른 이유로 인해 일어나지만 종합적으로 보면 전 지구 차원에서 질소가 공기와 흙과 물과 생명체 사이에서 끊임없이 순환하고 있는 형태다. 이것을 '질소 순환'이라 하고 그림 2-3으로 표현할 수 있다.

본래 자연계에서는 이러한 질소 순환의 균형이 맞아 있었다. 그런데 20세기 들어서 인간의 몇몇 발명품은 자연의 질소 순환을 크게 변화시켰다. 대표적으로 하버Harber와 보슈Bosch와 같은 과학자들이 개발한 화학 질소 비료를 들 수 있다. 앞에서 대기 중의 질소기체는 일부 미생물들만이 환원된 형태로 바꿀 수 있다고 얘기했다. 하버는 화학적인 방법으로 환원한 질소를 비료로서 토양에 투입하는 방법을 고민했다. 연구 끝에 그는 적절한 촉매를 이용해 고온 고압 상태에서 질소기체를 환원된 질소, 이를테면 암모니아로 만드는 공정을 개발하는 데 성공한다.

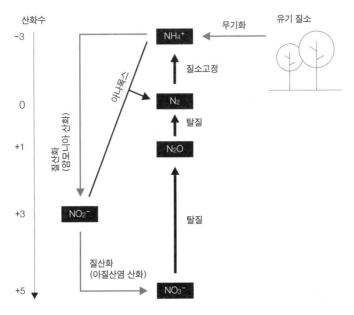

그림 2-3 질소 순환을 구성하고 있는 다양한 반응들과 그에 따른 산화수의 변화

이를 통해 화학 질소 비료를 대량으로 생산하는 기술이 보편화
되었다. 예전에는 미생물이 조금씩 환원하던 대기 중의 질소를
화학적인 방법으로 대량 생산하여 농경지에 뿌리기 시작한 것
이다. 화학 질소 비료의 발명은 작물들의 성장을 크게 증대시키
고 많은 국가에서 기아 문제를 해결함으로써 '녹색 혁명'을 성
공으로 이끌었다. 어찌 보면 지구상에 나타난 이래 항상 굶주림
에 시달리던 인류가 처음으로 식량을 충분히 확보하게 된 대단

한 발명이다.

그러나 뭐든 지나치면 문제가 생긴다. 우리말로는 과유불급이라 하고 영어로는 'Too much of good thing'이라고 했던가. 식물이 흡수하고 남은 비료들과 고기를 얻기 위해 가축들을 사육하는 과정에서 발생하는 배설물을 통해 다량의 질소가 하천으로 유입되고 있다. 이렇게 오염된 지하수는 '청색증Blue baby syndrome'이라고 하는 아기 빈혈을 일으키기도 한다. 성인은 높은 농도의 질산염을 섭취해도 대부분 위에서 흡수되어 소변으로 배출된다. 그러나 아기들의 경우에는 위나 장의 미생물에 의해 질소가 아질산염NO_2^-으로 환원될 수 있는데, 아질산염이 혈액 속에서 산소를 운반하는 헤모글로빈에 딱 붙어서 산소 결합을 방해해 청색증을 유발한다. 질소가 강을 따라 흘러가 바다와 만나는 하구에 이르면 물에 떠다니는 조류들을 갑자기 번성하게 만들기도 한다. 바로 적조라고 부르는 환경 문제이다. 적조는 물속의 산소가 줄어들어 물고기까지도 죽게 되는 '저산소Anoxia' 상태를 유발한다. 이는 우리나라뿐 아니라 미국 걸프만, 유럽 전역, 일본, 홍콩, 호주 남부 등 전 세계에서 관찰되는 현상이다. 이렇게 넓은 면적의 하구에서 일어나는 적조는 다른 환경 문제와는 달리 환경 처리 시설이 없는 개발 도상국에서 일어나기보다는 오히려 미국, 유럽, 한국, 일본, 중국과 같이 상당히 잘 사는 나라에서 더 심각하게 나타나고 있다. 선진국은 농업의 생산성을 높이기 위해 개발 도상국에 비해 많은 양의 비료를 사용하기 때문이다. 비료는 비에 씻겨 강으로 들어간 후 하구까지 떠내려간다.

질소 과잉을 유발하는 또 다른 인간의 산물은 자동차다. 자동차 배기가스에 섞인 다량의 질소 산화물은 하늘로 올라갔다가 먼지나 비에 섞여 다시 생태계로 돌아온다. 최근 연구에서는 인간의 이러한 활동들로 바다의 질소 함량까지 증가하고 있다는 것이 밝혀졌다. 질소 과잉 상태의 습지나 하구에서는 미생물들이 아산화질소N_2O라는 기체를 만들어내기도 하는데 이는 이산화탄소, 메탄 기체 다음으로 온난화에 크게 기여하는 미량 기체다.

이렇듯 질소 순환이 제대로 이루어지지 않아 발생하는 환경 문제는 한 생태계에서 일어난 일이 수백 킬로미터 떨어진 다른 곳에 문제를 일으키는 등 시공간적으로 매우 복잡한 양상을 띤다. 미국 공학한림원National Academy of Engineering에서 21세기 들어 '공학이 해결해야 할 위대한 도전Grand Challenges for Engineering'* 14가지를 회원의 설문조사로 결정했는데 이 중 하나로 '질소 순환 관리하기Manage the Nitrogen Cycle'가 선정된 것만

---

* www.engineeringchallenges.org 에서 더 자세한 내용을 찾아볼 수 있다.

봐도 그 심각성을 잘 알 수 있다.

　생태계에 질소가 많으면 많을수록 생물이 잘 자랐기 때문에 예전에 질소는 '다다익선多多益善'이라고 생각되었다. 그러나 인간의 지나친 욕심과 산업 활동은 질소를 '과유불급過猶不及'의 물질로 만들어버렸다. 여느 환경 문제와 마찬가지로 인간의 과욕이 질소 순환에 이상을 일으켰다. '적절함'의 선을 넘는 순간, 그 피해는 우리에게 다시 돌아오게 된다. 내 어린 시절의 의도치 않은 질소 첨가 실험도 오래갈 순 없었다. 지나친 질소 공급으로 나중에는 잔디들이 죽어버리기 시작했기 때문이다.

인 순환과 호수 생태계

최근 일명 '녹조 라떼'라 불리며 한강 본류는 물론 낙동강과 남해 연안에서도 문제가 되고 있는 녹조의 원인은 무엇일까? 녹조란 강, 호수, 하구 등에서 조류나 엽록소를 가진 세균이 급격히 번성하고 죽으면서 산소가 고갈되고, 또 이들이 내놓는 여러 독성 물질로 동물들이 죽고 물의 냄새나 맛이 나빠지는 현상을 말한다. 한편에서는 너무 더운 날씨와 장기간 지속되는 햇빛 때문에 어쩔 수 없는 현상이라고도 하고, 다른 편에서는 4대강 사업 때 만들어진 보堡로 인해 물의 흐름이 느려졌기 때문이라고도 한다. 둘 다 완전한 대답은 아니다. 만일 온도나 일사량 때문이라면 날씨가 더 덥고 가뭄도 심했던 해에는 왜 이런 일이 일어나지 않았는지가 설명되지 않으며, 4대강 사업 때문이라면 사업 구간도 아닌 북한강 상류에서 일어난 녹조는 설명이 되지 않는다.

문제의 해결은 제한요인에 대한 정확한 이해에서 시작된다는 점을 강조하고 싶다. 명문 대학에 가려면 학생의 체력, 엄마의 정보력, 할아버지의 경제력, 그리고 아버지의 무관심이 모두 갖춰져야 가능하다는 옛날 우스갯소리가 있다. 여러 조건 중 한 가지만 부족해도 입시는 실패라는 소리다. 이와 유사하게 생물이 자라는 데 필요한 여러 가지 조건 중 성장이 일어나지 못하게 하는 부족한 요소를 '제한요인Limiting factor'이라고 한다. 녹조가 생기지 않게 하는 제한요인은 무엇일까? 이렇게 담수, 특히 우리나라가 위치한 중위도의 호수와 같이 정체된 물에서는 주로 물속에 든 인의 양이 녹조가 번성하는 것을 결정한다.

인구가 증가하고 도시가 발달해 사람들이 모여 살면서 인이 풍부하게 포함된 배설물이 다량 발생하고, 계면 활성제로 대표되는 세제나 비누를 쓰면서 하천과 호수로 유입되는 인의 양이 크게 늘어났다. 공장이나 여러 가지 산업체에서 나오는 폐수도 인이 다량 유입되는 데 큰 기여를 한다. 이렇게 하나의 출처에서 나오는 오염 물질을 '점 오염Point source pollution'이라고 한다. 이런 수질 오염 문제를 해결하기 위해서 인간들은 하폐수 처리장과 정화조를 만들고 하수도를 건설했다. 그 결과 선진국은 점 오염을 크게 감소시킬 수 있었다. 그러자 다른 문제가 나타나기 시작했다. 논과 밭에 뿌린 인산 비료 중 일부가 흙에 붙어 있다가 비가 오면 강과 호수로 흘러 들어가는 현상이 나타난 것이다. 이런 오염을 '비점 오염Non-point source pollution'이라 한다. 점 오염과 달리 비점 오염은 오염 물질이 넓은 면적에서 상대적으로 낮은 농도로 배출되어 나온다. 인은 아예 화학적으로 토양 입자와 결합한 상태로 존재하는 경우도 많고, 인위적으로 투입된 인은 토양 입자에 쉽게 흡착된다. 이 상태에서 비가 오면 다량의 인이 포함된 흙탕물이 하천 호수로 유입된다. 그래서 비점 오염을 줄이는 것은 점 오염에 비해 더 어렵다. 농경지에서 토사가 유출되지 않게 하려면, 혹은 유출되더라도 강으로 들어가지 않게 하려면 어떤 방법이 있을까? 미국에서는 농경지와 작은 샛강 사이에 '하변완충지대Riparian buffer strip'라는 초지대와 식생대를 조성해 농경지에서 나온 물을 강으로 흘러가기 전에 한 번 거르는 방법이나, 습지나 저수지에 물을 고이도록 해 가라앉히는 방법이 제안되었다. 또 농경지에 투입하는 비료의 양과 투입 방법을 바꿔서 근본적으로 인의 유출을 막아보려 노력하기도 한다.

점 오염이든 비점 오염이든 여러 방법과 노력으로 외부에서 하천으로 유입되는 인의 양을 극적으로 감소시킨 경우에도 호수의 부영양화는 계속될 수 있다. 내가 박사후 연구원으로 일했던 위스콘신 대학의 육수학 연구소 바로 앞에는 멘도타Mendota라는 큰 호수가 있다. 이 대학이 위치한 메디슨Madison시는 자연이 잘 보존되어 있고, 하폐수 처리 시설이 제대로 갖추어져 있음에도 불구하고 이 호수는 매년 여름이 되면 몇 주 동안은 초록빛으로 변하고 불쾌한 냄새를 풍기는 일이 계속되고 있다. 인이 문제라면 유입되는 인을 없애면 문제가 해결되어야할 텐데 왜 부영양화가 계속되고 있는 것일까?

해답은 '내부 부하Internal loading'이라는 현상에 있다. 호수바닥에 쌓여 있는 저토Sediment에는 다량의 인이 안정적으로 결합하고 있다. 그런데 여름이 되어서 호수 물의 온도가 올라가면물에 녹을 수 있는 기체의 양이 줄어든다 (이해가 안 되면 여름철에 냉장고에 넣어두지 않은 청량음료 뚜껑을 따는 상황을 생각해보라. 온도가 올라가면 액체에 녹아 있던 기체가 밖으로 나와서 뚜껑을 열면 폭발하듯이 밖으로 나오게 된다). 따라서 물 속 산소의 양도 같이 줄게 되는데, 대기와 멀리 떨어져 있는 호수 바닥 근처는 특히 이 현상이 더 심하게 일어날 수있다. 이런 조건을 '환원적Reduced' 환경이라고 한다. 환원적 환경에서는 저토에 입자 형태로 존재하던 산화철들이 환원되면서철에 붙어 있던 '인'이 물에 녹아 나오게 된다. 외부에서 인의 유입이 없더라도 부영양화가 일어나는 것은 이 때문이다.

앞부분에서 언급했던 4대강 사업 후 발생한 강의 녹조에대해서 한번 더 생각해보자. 앞서 설명한 바와 같이 수생태계연구 결과에 따르면 호수의 경우에는 '인', 그리고 일부 하천이나 하구의 경우에는 '질소'가 녹조의 제한요인인 경우가 대부분이다. 우리나라의 호수나 하천의 경우 이러한 물질들이 매우 풍부하다. 더 정확히 말하자면 이런 물질들로 오염되어 있다. 가정이나 공장에서 나오는 폐수, 농경지나 도심에서 빗물에 씻겨 나오는 오염된 물 모두가 원인이다. 여기에 날씨도 덥고, 비도 안 오고, 일부 구간에서는 보 때문에 물의 흐름까지 느려져서 이렇게 조류가 갑자기 번성하게 된 것이다. 이 모든 것이 원인이라면 4대강 사업에는 책임이 없는 걸까? 예를 하나 들어보겠다. 선천적으로 심장이 약한 대학 신입생이 있었다. MT를 가서 선배들의 강요로 술을 잔뜩 먹다가 심장마비로 사망했다. 그럼 이 사망의 원인은 무엇인가, 그리고 누가 책임을 져야 하는가? 원래 심장이 약한 학생의 잘못인가, 아니면 술을 강요한 선배의 책임인가? 이 슬픈 사고의 원인은 심장이 약한 것인가 아니면 무리한 음주인가? 이렇게 대답이 명확한 질문에 대해서 아직도 정치적인 이유로 4대강 사업 덕분에 수질이 더 좋아졌다고 주장하는 사람들을 나는 전혀 이해할 수가 없다.

그렇다면 하천과 호수, 그리고 가끔은 바다에서도 일어나는 부영영화를 없애려면 어떻게 해야 하는가? 점 오염 처리를 위한 고도상수처리 시설의 확대, 활성탄이나 조류 살균제 투여, 황토 투여 등과 같이 물속 한 지점에 있는 영양 염류의 양을 줄이려는 직접적이고 공학적인 방법도 있다. 하지만 무엇보다도 근본적인 제한요인, 즉 하천과 호수 전체에 유입되는 인과 질소 농도를 줄이지 못하면 결국 같은 일이 반복될 것이다. 더욱이 흐르는 큰 하천 본류에 댐을 세워서 물을 정체시킨다면 무슨 노력을 해도 호수로 바뀐 하천에서의 부영양화는 막을 수 없을 것이다.

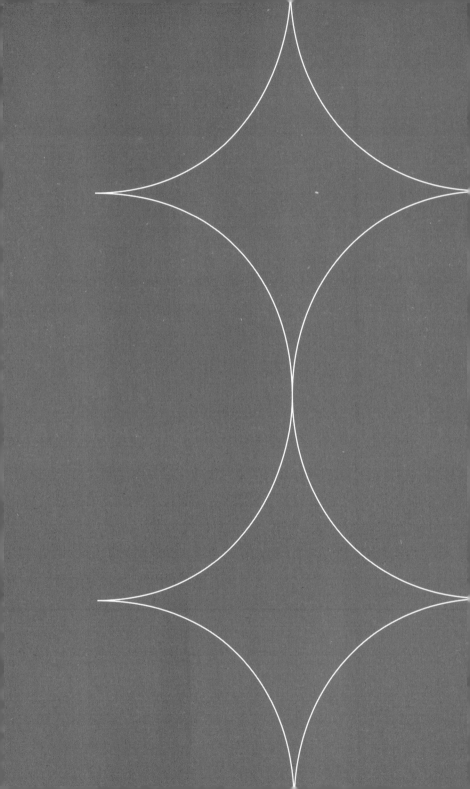

제 3 장

다 알지만 잘 모르는 이야기:
생태계 이론들

우리나라에서 고등학교에 다니게 되면 이과인지 문과인지를 결정하는 중요한 시점이 있다. 학문 체계를 이렇게 무를 자르듯 두 동강 내는 것이 말이 되는지는 모르겠지만, 일찍이 찰스 스노우Charles P. Snow가 『두 문화Two Cultures』라는 책에서 설파했듯이 과학과 인문학 사이의 간극이 존재하는 것은 어쩔 수 없는 사실이다. 대부분의 학생들은 수학에 강점을 보이면 이과를 선택하고, 어문 과목에 강세를 보이면 문과를 선택한다. 사실 수학을 못해서 문과로 가고, 국어를 못해서 이과를 선택하는 것이 현실이긴 하지만 말이다.

영역 나누기는 과학 분야에서도 계속 진행된다. 생태학은 생물학의 일부로 출발했지만 현대의 일반적인 생물학인 분자생물학과는 다른 길을 통해 발전해왔다. 제한되고 고립된 특정 환경 속에서 어떤 생물체의 구성 요소들의 물리화학적 반응을 관찰하고 이를 통해서 생명 현상을 설명하려는 분자생물학과 달리, 생태학은 상당히 넓은 지역에서 개체 이상의 규모를 장기간에 걸쳐 관측한 자료를 토대로 귀납적인 방식의 연구를 수행하는 경우가 많다. 굳이 비유하자면, 분자생물학은 일반 의학에 해당되고, 생태학은 보건학에 가깝다고나 할까? 경제학에 비유하자면 분자생물학은 미시경제학에 가깝고, 생태학은 거시경제학에 더 근접하다고 말할 수도 있을 것이다.

특히 생태계를 대상으로 하는 연구들은 장기간에 걸친 관찰, 특정한 조건하에서 환경을 조작하는 실험을 통합하여 원하는 대답을 얻고자 한다. 이에 덧붙여 통계적인 방법이나 수학적인 모델로서 구조를 밝혀 연구를 마무리하는 것이 생태계 연구를 통해 좋은 논문을 완성하는 방법이다. 이렇다 보니 생태계 연구자들은 일반 분자생물학자들과 달리 광역에서 연구 대상을 추상화하는 일과 통계적인 방법을 활용한 자료 분석에 익숙해져 있고, 또 분자 수준의 기제를 알지 못하더라도 관찰된 내용을 토대로 어떤 현상 전반을 일반 이론으로 발전시키거나 설명하려는 학문적 경향이 있다. 창발성, 협력, 다양성 등에 대한 생태계 분야의 여러 경험적 이론들은 이런 배경에서 만들어졌다.

에너지 흐름과 먹이망

어려서부터 들어왔던 바로는, 근세에 우리나라에서 일어난 나쁜 일들 대부분은 일본의 제국주의 때문이다. 조선 땅에서 호랑이가 멸종된 것도 일본 포수들 때문이라 들었다. 그러나 호랑이가 멸종된 것은 인간의 포획 때문만은 아니다. 가능하지도 않은 얘기겠지만 지금 깊은 산속에 호랑이를 풀어놓아보면 이를 쉽게 알 수 있을 것이다. 많은 노력을 들였지만 아직도 반달곰 개체군 복원이 쉽지 않다는 사실도 이를 증명한다. 이렇게 큰 야생 동물의 복원이 쉽지 않은 까닭은 포획보다는 그들이 살 수 있는 조건을 갖춘 서식지가 없기 때문이다. 여기서 서식지가 없다는 것은 단순히 공간이 넓고 좁은 문제보다는 에너지의 문제를 의미한다. 에너지 흐름은 앞서 살펴본 물질 순환과 함께 생태계 연구의 핵심이다. 1장에서 언급한 린드만이 미네소타에서 연구한 내용도 호수로 유입되는 태양 에너지 중 얼마만큼이 식물성 플랑크톤으로 바뀌고, 그 중 얼마가 동물성 플랑크톤에게 먹히는지, 그리하여 최종적으로 얼마만큼의 에너지가 큰 물고기의 에너지로 변화되는지를 살펴보는 것이었다.

생태계에서의 에너지 흐름은 태양에서 들어온 빛 에너지*로부터 시작된다. 대부분의 빛 에너지는 그냥 반사되어 사라지거나, 지표면을 데우고 물을 증발시켜 물 순환을 유지하는 데 쓰인다. 식물의 광합성에 사용되는 건 약 1%도 안 되는 양이다. 앞서 말했듯 광합성은 식물 세포 속의 엽록소에서 빛 에너지를 이용해서 이산화탄소를 에너지가 많은 당류로 바꾸는 과정이다. 광합성으로 만들어진 당류는 많은 에너지를 포함하고 있으므로 나중에 생물이 이것을 태워서 거기서 발생하는 에너지를 사용할 수 있다. 쉽게 말하자면 당류는 많은 양의 에너지를 보유하고 있는 땔감 혹은 완전히 충전되어 있는 배터리와 같다. 식물은 이처럼 남의 도움 없이 스스로 생명 유지에 필요한 에너지를 만들어낼 수 있기 때문에 '독립영양생물Autotroph'이라고 한다.

* 태양빛 이외에 다른 광물을 산화시켜서 에너지를 얻는 미생물들도 있다. 이러한 특이한 환경에 대해서는 다른 장에서 따로 서술하도록 하겠다.

　　그러나 대다수의 동물과 미생물은 이런 기능을 할 수 없다. 따라서 여러 생물들은 식물을 먹으면서 거기에 있는 탄소를 섭취한다. 어떤 동물들은 이렇게 식물을 먹은 생물을 다시 잡아먹으면서 자신에게 필요한 에너지원을 섭취한다. 대다수의 미생물들도 마찬가지이다. 동물처럼 큰 입은 없지만, 자기 몸 밖의 커다란 유기물을 분해, 흡수해 에너지로 활용한다. 이렇게 독립영양생물에 의존해서 살아가는 생물을 '종속영양생물Heterotroph'이라 부른다. 결국, 생태계 내에서는 식물에서 시작해서 작은 동물, 큰 동물에 이르기까지 먹고 먹히는 사슬이 생기는데, 이것을 '먹이사슬Food chain'이라 한다. 실제 자연에서는 한 종류의 생물이 다른 한 종류만 먹거나 한 종류에게만 먹히는 경우는 드물고 그물처럼 복잡하게 얽히고설킨 구조가 나타난다. 1장에서 잠깐 언급했듯 이런 구조를 '먹이망Food web'이라 하고, 먹이망의 복잡한 단계를 추상화하여 '영양단계Trophic level'라는 형태로 표현하기도 한다. 울창한 숲에는 그 먹이망의 가장 상위에 호랑이와 같은 동물이 위치하고 있다. 생태학자들이 알고자 하는 것은 동물의 식성이나 식탐 여부가 아니라 얼마나 많은 에너지가 어떤 영양단계를 통해 이동하는지이다.

　　초기에 먹이사슬을 연구하던 학자들은 생물의 수에 관심을 가졌다. 연구를 통해 그들은 식물체의 양이 가장 많고, 높은 영양단계로 올라갈수록 생물체의 수가 줄어든다는 것을 알아냈다. 오래전 영국의 생태학자 찰스 엘턴이 발견한 내용으로, 이를 엘턴 피라미드Eltonian Pyramid라 부른다. 그러나 이후에 생물의 양보다는 이들이 지니고 있는 에너지를 파악하는 것이 좀 더 정확한 분석임을 알게 됨에 따라 어떠한 생태계든지 식물에서 초식 동물, 육식 동물로 영양단계가 올라갈수록 보유하고 있는 에너지가 점점 줄어든다는 사실이 알려졌다. 생태학 연구에 최초로 생태계 개념을 적용한 린드만의 연구에서 이 사실이 처음 보고되었다. 그의 연구에 따르면 상위 영양단계는 하위에 비해서 0.1~22.3% 정도의 에너지량을 나타내었다. 즉 식물성 플랑크톤이 광합성으로 태양 에너지에서 1000kcal정도의 유기물을 만든다면, 이 식물성 플랑크톤을 먹고 사는 동물성 플랑크톤의 몸에 있는 에너지는 100kcal정도 된다는 것이다. 보통 한 단계씩 위로 올라갈 때마다 평균적으로 약 10%의 에너지만이 남게 되어 어떤 이들은 이것을 '10% 법칙10% rule'이라 부르기도 한다.

식물과 같이 광합성으로 생태계 유지에 필요한 에너지를 공급하는 생물들을 모두 통칭해서 '일차생산자Primary producer'라고 한다. 육상의 경우 큰 나무, 관목, 초본, 돌 표면에 자라는 이끼, 다른 나무 표면에 붙어 기생하는 식물들 모두가 일차생산자에 해당한다. 호수의 경우에는 눈에 보이지도 않는 식물성 플랑크톤, 물에서 자라는 물풀, 호수 가장자리에서 자라는 연

꽃, 버드나무, 갈대 등이 모두 일차생산자다. 이러한 일차생산
자들을 먹고 거기서 에너지를 얻는 동물들을 '일차소비자Primary
consumer'라 부른다. 작은 곤충류에서부터 풀을 뜯어 먹고 사는
초식 동물들이 여기에 속한다. 호수의 경우에는 작은 물고기나
물벼룩과 같은 동물성 플랑크톤이 이에 해당한다. 이런 일차소
비자를 먹고 사는 더 큰 동물을 '이차소비자Secondary consumer',
또 그것을 먹고 사는 동물을 '삼차소비자Tertiary consumer'라
는 식으로 이름을 붙이는데, 이 관계가 '사차소비자Quaternary
consumer'이상으로 더 높이 올라가는 경우는 매우 드물다. 앞에
서 말한 10% 법칙이 적용되기 때문이다.

전술한 바와 같이 영양단계가 한 단계 올라갈 때마다 에너
지량이 10% 정도의 낮은 효율을 보인다는 사실에는 중요한 함
의가 있다. 호랑이는 숲을 호령하는 백수의 왕이 아니라 사실
은 식물의 광합성량에 의존하는 존재임을 밝힌 것이다. 예를 들
어, 200킬로그램의 호랑이 한 마리가 생존하려면 먹이가 되는
초식 동물은 적어도 2톤 이상 존재해야 하며, 초식 동물들이 생
존하기 위해선 자신들의 먹이가 되는 식물이 20톤 이상 존재해
야 한다. 물론 이것은 사실을 아주 단순화해서 설명한 것이고,
실제로는 훨씬 많은 식물이 필요하다. 다시 말해 멸종 위기 동
물의 복원을 위해선 넓은 공간만이 아니라 그 삶의 근거가 되는
많은 에너지가 필요하며, 이를 위해서 전체 먹이망이 회복되어

야만 한다. 그 먹이망의 근본이 되는 것은 광합성을 하는 넓은 숲과 풀밭이다.

생태계에 대한 잘못된 이해 중 하나는 강한 자가 약한 자를 잡아먹는 '약육강식'이 자연의 법칙이라는 주장이다. 아마도 〈동물의 왕국〉과 같은 자연 다큐멘터리에서 사냥하는 장면들을 많이 보여주기도 하고, 사회의 불평등을 합리화하는 설명으로 적합하기 때문일 수도 있다. 그러나 에너지 흐름의 측면에서 생태계는 일방적인 약육강식과는 거리가 있다. 먹이사슬 최상에 존재하는 소수의 생물체가 생존하기 위해서는 개개는 작지만 합치면 엄청난 양이 되는 식물체의 존재가 필수적이다. 즉, 영양단계 상위에 있는 무섭게 보이는 동물들은 광활한 지역에 퍼져있는 이름 모를 작은 풀들이 존재해야만 자신의 삶을 영위할 수있는 존재다.

창발성과 전체성

'창발성Emergent Property; Emergence'은 다양한 학문에서 여러 가지 맥락으로 사용되는 개념이다. 창발성은 일반적으로 더 근본적인 존재에서 생성된 특성 중 참신성Novelty을 갖고 환원불가성Strong emergence이 있는 성질을 의미한다. 생태학자인 나는 창발성을 어떤 물物과 연관되어 있으나 그 물을 구성하고 있는 구성 요소의 수준에서는 나타나지 않는 특성*이라고 정의한다. 종합해보면 창발성은 구성 요소와 그들 사이의 상호 작용에 의해 발생하는 새로운 특성이라고 할 수 있다. 여러 학문 중에서도 생태학은 창발성과 밀접한 관련이 있는 학문이다. 생태학에서의

---

*　Emergent property is a property associated with an entity, but does not appear at the level of components of it

창발성에 대해 논의하기 앞서 창발성에 대한 철학적 논의를 간략히 살펴보자.

'창발성'이란 용어 자체는 루이스G. H. Lewis가 1875년 처음 사용했다. 그러나 그 개념은 창발성이라는 용어가 사용되기 훨씬 오래 전부터 존재해왔다. 창발에 대한 철학자들의 관점도 매우 다양하여 약한 창발Weak emergence에서 강한 창발Strong emergence에 이르는 여러 가지 견해가 있다. 전자의 경우에는 창발성을 단순히 구성 요소 간의 상호 작용으로, 한 시스템에서 생성되는 새로운 성질Properties이라고 정의한다. 이에 비해 후자는 구성 요소 혹은 그들의 상호 작용으로는 설명이 될 수 없는 성질로 규정하고 있다. 더 나아가 철학에서는 상위 시스템이 구성 요소에 기작을 제공하는 역할을 담당하는 '수반하다Supervene'라는 개념까지 등장하고 있다.

일반적으로 창발성은 물리학이나 화학 등의 과학 분야와 사회과학의 여러 분야에서 논의되는 특성이다. 물리학의 경우 상대적으로 더 큰 규모에서 관찰되는 색, 마찰력, 온도 등이 대표적인 예이고, 화학의 경우 수소나 산소의 특성으로 환원되지 않는 물의 특성, Benard cell convection*등이 이에 속한다. 이와 달리 분자생물학이 주류를 이루고 있는 현대의 생물학 분야에서는 창발성에 대한 논의가 거의 이루어지지 않고 있다. 그러나 생물학의 여러 분야 중에서도 여러 생물체의 상호 작용에 주목하는 생태학에서는 창발성을 비교적 중요하게 다룬다. 생태학이라는 학문이 창발성과 깊은 관련이 있다는 것은 생태학의 교과서 중 가장 널리 쓰이고 많이 알려진 유진 오덤의 『생태학의 기초』 제1장 앞부분에서부터 드러난다. 책은 산호에서 조류와 강장동물이 함께 생장하면서 물질 순환이 효율적으로 일어나는 점 등을 생태학에서 나타나는 창발성의 대표적인 예로 들고 있다. 과연 이러한 예들이 창발성의 존재 여부를 증명하는지는 논란의 여지가 있지만, 생태계생태학을 연구하는 사람들 다수는 알게 모르게 이 개념을 받아들이고 있으며, 어찌 보면 일반적인 생물학 특히 분자생물학과 생태학을 구분 짓는 가장 큰 철학적 차이라고도 할 수 있다.

　　생태학에서는 창발성이 나타나는 현상을 환원적으로 설명하려는 연구들도 일부 존재한다. 대표적인 예로 제시되는 것이 점균류Slime molds의 발생 및 분화에 관한 현상과 특정 세균의 '정족수 감지' 혹은 '균체밀도 인식'이라 번역되는 'Quorum sensing' 현상이다.

　　토양에 서식하는 딕티오스텔리움 디스코이데움Dictyostelium

　＊　냄비에 액체가 끓을 때와 같이 열이 가해져 대류가 일어나는 상황이나 페인트 칠한 곳에 점도 차이가 있을 때에 6각형에 가까운 형태로 나타나는 격자.

discoideum과 같은 점균류는 영양분의 공급 상태에 따라 독특한 생활사를 보인다. 평상시처럼 주위에 잡아먹을 세균들이 많아 영양 공급이 충분할 때는 보통의 아메바처럼 이분법을 통하여 번식한다. 그러나 영양분이 고갈되거나 특정한 스트레스를 받게 되면 만 개에서 오만 개에 이르는 수많은 세포들이 모여 마치 다세포 생물처럼 분화의 단계를 거친다. 즉 영양 공급이 부족해지면 몇몇 개체들이 cAMP라는 물질을 분비해 주위 개체들에게 신호를 보내주고, 이렇게 전달된 신호를 통해 수많은 개체가 모여들며 구성체를 만들기 시작한다. 결국 이들은 줄기같은 구조와 포자낭군을 만들어 마치 하나의 식물체와 같은 형태로 바뀌고, 높은 위치에서 멀리까지 포자를 퍼뜨릴 수 있게 된다.

정족수 감지의 또 다른 예로 하와이의 짧은꼬리오징어 Hawaiian bobtail squid 내에 기생하는 비브리오 피셔리Vibrio fischeri 와 같은 비브리오 종류의 세균에서 발견되는 현상이 있다. 이 미생물은 적은 수로 존재할 때는 자가유도물질Autoinducer이라 불리는 화학 물질의 농도가 낮지만, 좁은 지역에 특정 수 이상(약 1000 cell/mL)이 번식하면 이들이 내는 자가유도물질의 농도가 높아지고 이로 인하여 루시퍼라아제Luciferase라고 불리는 발광에 관여하는 유전자가 발현되어 생물발광Bioluminescence이라고 불리는 현상이 일어난다. 즉 일정 숫자 이상의 특정한 세균이 모이게 되면 발광이라고 하는 이전에 없던 새로운 현상이 나타나는 것이다.

이 두 가지 사례는 결과만 봤을 때는 창발적이지만, 환원적인 방법으로 설명이 되는 경우다. 하지만 이 외에 생태학에서 일어나는 창발적인 현상 중에는 아직도 명확한 기작을 밝히지 못하고 있는 것들이 많기에, 이와 관련된 여러 가지 논의가 진행되고 있다. 학자들의 반응은 크게 두 가지로 갈린다.

첫 번째는 생태학에서의 창발성은 단순히 우리가 가진 지식의 한계로 인해 나타나는 것이며 지식이 확대되면 사라져버릴 것이라는 견해다. 이는 강력한 환원주의의 입장에 근거한 것으로, 방법론을 개발하고 충분한 자료를 수집할 수 있다면 상위 수준의 현상들이 하위 수준에서 충분히 설명될 수 있다는 주장이다. 다시 말해 위에서 살펴본 점균류나 정족수 감지의 사례처럼 정보만 충분하다면 창발성이라는 것도 환원적으로 설명이 가능하다는 것이다.

두 번째는 이와 반대로, 생태학계에서 논의되고 있는 창발성은 생태학 자체에 내재된 특성이므로 지식과 관계 없이 환원적인 방식으로 설명이 불가능한 현상들이 많으며, 생태계를 이해하기 위해서는 이러한 현상을 있는 그대로 인정해야 한다는 견해다. 특히 생태학에서만 고려되는 독특한 변수인 '규모Scale 의 문제'가 결국은 창발성의 논의와 연관된다. 즉, 하위 구조인 세포나 기관에서는 나타나지 않던 특성이 개체군, 군집, 생태계

등에서 나타나곤 하는 것이다. 예를 들어, 미생물 중에는 호기성 상태에서 암모니아나 아질산염을 산화시켜 에너지를 얻는 질산화 미생물nitrifying bacteria이 있다. 또한 혐기성 상태에서 질산염이나 아질산염을 최종 전자 수용체로 이용하여 전자를 전달한 후 아질산염이나 질소 기체로 배출하는 통성혐기성 탈질 미생물dentrifying bacteria도 있다. 이러한 미생물들 개개는 생존에 필요한 에너지나 영양소를 얻기 위해 활동하는 것이지만, 이들의 반응이 합쳐지면 전 지구적으로 질소 순환이라 부르는 거대한 물질의 순환이 나타나게 된다.

지금까지 생태학에서의 창발성을 잘 보여주는 몇몇 사례와 연구들을 살펴보았다. 그렇다면 생태학을 제외한 나머지 생물학 분야에서 창발성은 중요하지 않은 특성인 걸까? 그렇지만은 않다. 사실 근대적인 과학이 처음 도입될 때만 해도 물리학과 화학은 거의 전적으로 환원적인 방법론에 근거하여 발전했다. 이에 비해서 살아 있는 생명체를 다루는 생물학은 당시에는 환원적으로 설명되지 않는 부분들이 너무 많았고, 물리학이나 화학에 비해 전체론적이고 창발성을 고려한 연구들을 용납하는 분위기에서 발전했다. 그러나 현대에 들어서는 오히려 이 관계가 바뀌고 있다. 양자역학의 비결정론적인 특성에 영향을 받은 물리학이나 화학은 오히려 환원적인 설명 이외의 것을 수용하는 분위기이나, 생물학은 생체에서 일어나는 모든 현상을 물리 화학적인 반응, 좀 더 구체적으로는 유전자와 이의 발현으로 환원해서 설명하려고 한다. 그래서 오늘날 생태학, 특히 생태계의 기능을 연구하는 학자들은 생물학계 전반에 퍼져 있는 환원주의의 물결 속에서 암묵 간에 창발성의 존재를 인정하는 연구를 수행하고 있다. 그러나 이 모호한 회색 지대가 얼마나 더 지속될지는 아무도 모르는 일이다. 더 많은 정보가 쌓인다면 우리는 생태계의 모든 것을 환원적으로 설명할 수 있을까?

협력과 경쟁

'현대사회는 경쟁 사회다'라는 명제에 반론을 제기하기는 쉽지 않다. 협력하고 이타적인 행동을 하면 손해를 보고, 경쟁하고 남을 이용해야 성공한다는 주장이 뭔가 불편한 건 사실이지만 말이다. 생태계 연구의 기반이 되는 다윈의 진화론은 이런 믿음을 뒷받침하는 근거로 잘 소환된다. 다윈의 이론에 따르면 개체들은 변이를 통해서 조금씩 다른 특징을 가지고 있는데, '자연선택'이라는 과정을 통해 환경에 잘 적응한 개체가 자손을 많이 남기게 된다. 다윈의 뒤를 이은 스펜서와 같은 학자는 '적자생존Survival of the Fittest'이라는 좀 더 무서운 용어를 사용했고, 대중들은 이를 '약육강식'이라는 단순한 방식으로 이해하기도 한다. 이런 사고관이 사회에 위험하게 적용되어 제국의 식민지 침탈이나 나치의 유대인 대학살을 자연스러운 현상으로 받아들인 사람들도 있었다. 지금도 우리 주위에서는 강한 것이 절대선 이고, 이기적인 것이 생존을 위한 필수 조건이라 믿는 사람들을 흔히 볼 수 있다.

생태계 연구 초기에 연구자들이 관심을 갖고 집중적으로 연구하던 분야는 '경쟁Competition'에 대한 내용이다. 진화론의 내용처럼 주어진 환경에 가장 잘 적응한 생물이 살아남고 자손 을 많이 남기게 되는 자연 상태에서, 서로 다른 종은 결국 경쟁 할 수밖에 없을 것이다. 생태계 연구에서도 이런 생각이 주류 를 이루게 되었다. "어떤 환경에서 일차생산성이 더 높을 것인 가?", "토양에서 질소를 더 잘 흡수하는 식물은 무엇인가?", "낮 은 온도에 서식하는 생물들은 어떤 방법으로 다른 생물들과의 경쟁에서 이길 수 있을 것인가?" 같은 질문들이 이어졌다. 과연 협력하며 사는 세상은 세상 물정 모르는 철부지들이나 이상주 의자들의 꿈에 지나지 않는 걸까?

생물학자나 생태학자들의 연구 결과들을 보면 그렇지 않 다. 협력은 생태계 존재의 필수 조건이다. 우리 세포 하나하나 에 들어 있는 미토콘드리아도 아주 오래전에 외부에서 유래한 세포가 우리 몸의 세포와 협력해서 안정화된 것이다. 세포의 사 례가 너무 단순해 보인다면, '죄수의 딜레마'로 알려진 게임 이 론을 보자. 잘 알려진 바와 같이 여기 참여한 개개인은 상대방 을 배신하는 것이 최선의 방책이다. 그런데 만일 이 게임이 한

번이 아니고 매일매일 벌어지는 일이라면 어떠할 것인가? 반복되는 게임에서는 배신보다는 협력이 더 효과적인 전략이다. 현실에서도 이러한 협력의 사례는 쉽게 찾아볼 수 있다. 때로 생물들은 자기와 가까운 유전자를 가진 친족들을 위해서 기꺼이 희생하기도 하는데 이를 '혈연선택Kin selection'이라 부른다. 인간이 유지하는 복잡한 사회 체계에서도 협력은 중요한 역할을 한다. 예를 들어, 집단을 위해 약간의 희생을 감수하는 것은 당장은 손해인 것처럼 보이지만 장기적으로는 사회적으로 좋은 평판을 받게 되고, 결국 자신의 생식 성공률을 높인다. 또 인간은 언어라는 매체를 통해 대부분의 생물들은 불가능한 정보 공유를 실현하고 있는데, 이런 사회적 활동의 근저에는 협력과 이타적 기작이 내재되어 있다. 오래전 다윈이 제안했던 진화의 기작은 단순한 경쟁뿐 아니라, 협력하는 개체나 집단의 성공을 고려해야만 성립되는 개념이다.

물론 한 집단의 모든 개체가 이상적으로 협력하지는 않는다. 따라서 무임승차자Free rider들이 득세하지 않도록 하는 것이 시스템을 지속하는 데 매우 중요하다. 그렇지 않다면 무임승차자들이 그렇지 않은 이들보다 계속 더 많은 후손을 남기게 될 것이고, 이들이 집단의 다수를 차지하게 된다면 이들에게 자원을 제공할 개체가 하나도 남지 않을 것이기 때문이다. 그렇다면 우리는 어떻게 무임승차자를 경계하는가? 동물들을 대상으로 한 연구 결과에서 하나의 힌트를 얻어보도록 하자. 훈련받은 개들은 보상만 주어진다면 주인이 "손"이라고 말하며 손을 내밀 때 악수하듯 앞발을 내놓는다. 미국학술원 회보 논문에 이와 관련된 흥미로운 실험 결과가 발표됐다(Range et al., 2009). 실험에서 두 마리의 개에게 손동작을 똑같이 시키면서 한 마리에게는 보상을 해주고 다른 한 마리에게는 아무것도 주지 않았다. 그러자 보상을 받지 못한 개는 손 내밀기를 금방 멈췄다. 이 연구 결과는 공정함에 대한 개념은 개 정도의 지적 능력으로도 인지할 수 있으며 공정하지 않은 상황에 맞닥뜨렸을 때 분노하거나 저항한다는 것을 보여준다. 이처럼 불공정함에 대한 분노나 저항을 '불평등 회피Inequity Aversion'라고 하는데, 개, 유인원, 인간 등 주로 사회적인 동물에게서 발견되는 반응이다. 그럼 사회적인 동물들은 왜 불공정함에 분노하는 것일까? 사회화되고 복잡한 사고 능력을 가진 생물의 경우 공정함을 유지하는 것이 단체의 협력과 단결에 중요하고, 이는 곧 자기 종의 번성과 밀접하게 연관돼 있기 때문이다. 평등에 대한 집착은 진화 과정에서 우리 뇌 속에 뿌리 깊게 자리 잡은 본성 중 하나다. 그러나 인간의 심리적 반응이 거기에서 그쳤다면 유인원 이상의 복잡한 사회 구조는 구축하지 못했을 것이고, 지구상에서 이렇게 번성하지도 못했을 것이다. 인간은 훨씬 더 복잡한 상호 작용을 한다. 대표적인 것이 '이타성Altruism'과 '심통Spite'이다.

이타성은 자기 이익 없이도 다른 사람의 이익을 추구하는 행동을 말한다. 반대로 자신의 손해를 무릅쓰고서라도 타인에게 피해를 입히는 것이 심통의 심리 기제다. 이타적 행동은 다른 생물에서도 관찰된다. 번식 한번 못하고 다른 유전자들을 위해 희생하다 죽어버리는 수많은 일벌, 일개미를 생각해보라. 그렇지만 이들의 이타성은 비슷한 친척을 살아남게 하려는 유전학적 목적일 수 있다. 인간의 이타성은 이와 달리 친족의 범위를 넘어서 나와 전혀 핏줄이 섞이지 않은 타인에게도 발현된다.

심통은 더욱 이해하기 어려운 심리적 기제다. 형에게 더 큰 케이크 조각을 줬을 때, 자신의 작은 케이크에 화가 나서 접시를 뒤엎어버리는 동생의 행동을 생각해보자. 작은 것이라도 먹는 것이 이득임에도 불구하고 인간의 본성에는 이런 심통 심리가 자리 잡고 있다. 물론 이것도 유전적 연관도로 설명하려는 학자들이 있다. 예를 들어 '슈도모나스Pseydomonas'라는 세균 중에는 다른 세균을 죽이는 물질을 가진 녀석들이 있는데, 이들은 자기 몸을 스스로 파괴해서 독성 물질을 배출하고 다른 세균들을 죽인다. 심통 기제의 대표적 예다. 그런데 자기와 유전적으로 유사한 개체는 이 물질에 면역력을 가지고 있어 살아남게 된다. 그냥 심통이라고 생각했던 행동이 어찌 보면 친족을 위한 희생일 수도 있는 것이다. 물론 이건 미생물의 경우고, 인간의 심통은 이타성과는 거리가 멀 때가 대부분이다. 그렇다고 심통이 인간의 행동을 절대적으로 좌지우지하는 것은 아니다. 인간을 대상으로 한 실험 결과에 따르면 3~4세의 나이에는 상대방이 더 많은 보상을 받는 경우 상을 뒤엎어버리는 빈도가 높지만, 8세만 넘어도 내가 남보다 더 많은 것을 받으면 오히려 불편함을 느낀다. 인간은 심통의 본성을 가지고 있지만 사회화 과정을 통해 남에 대한 미안함을 배운다. 이런 학습이 확대되면 결국 이타적인 행동으로까지도 연결될 수 있을 것이다.

행동생태학 분야뿐 아니라 생태계에서 일어나는 물질 순환과 에너지 흐름에서도 이런 협력의 관계로 발전하고 현재까지 유지되는 시스템이 수도 없이 관찰된다. 앞 장에서 살펴본 질소 순환을 다시 한번 생각해보자. 토양에 사는 미생물은 에너지원이 필요하고 식물은 흡수할 수 있는 질소가 필요하다. 서로의 필요를 충족시켜주기 위해서 식물은 뿌리의 삼출물이나 낙엽의 분해를 통해 질소고정 미생물이 필요로 하는 에너지원인 유기탄소를 공급하고, 대신 질소고정 미생물이 만드는 질소를 이용해서 잘 성장할 수 있다. 뿌리 부근에서 식물과 공생하고 있는 균류Fungi도 유사한 관계다. 균류는 광합성을 할 수 없기 때문에 식물에서 공급되는 에너지원에 의존해야 하는데, 이들이 잘 성장하면 마치 식물 뿌리의 일부처럼 작용해서 식물의 인, 질소, 물 흡수량을 늘려준다. 식물은 균류에게 에너지원을 제공해주고 그 대가로 균류의 도움을 받아 성장한다. 이런 균류를 뿌리에 서식한다고 해서 '균근류Mycorrhiza'라고 부른다. 실제로 특정 식물과 특정 균류의 조합은 매우 선택적이며, 식물 뿌리 외부에 서식하는 외생균근Ectomycorrhiza이 있는 반면, 아예 식물 뿌리 안에 자리 잡고 혹처럼 자라는 내생균근Endomycorrhiza도 존재한다.

생물다양성과 안정성

생태학자라 하면 깊은 산속에서 볼 수 있는 희귀한 식물의 이름도 알아야 할 것 같고, 멸종 위기에 처한 돌고래나 오랑우탄 보호에 나서기도 해야 할 것 같지만, 사실 이런 모습들은 내가 공부하고 있는 생태계와는 거리가 있다. 생태학 안에서도 생태계를 연구하는 사람들은 생물종 자체보다는 그들이 하는 역할을 이해하고 자연을 물리화학적인 체계로 이해하는 데 관심이 많다. 그렇다고 각 생물의 다양한 특성을 연구하는 게 생태계 연구자들에게 중요하지 않다는 뜻은 아니다. 각각의 생물이 생태계에 어떤 영향을 미치는지에 대한 연구는 생태계생태학의 주요한 연구 분야 중 하나다.

지구에는 아주 많은 종류의 생물들이 함께 살고 있다. 이렇게 다양한 생물상의 특성을 '생물다양성biodiversity'이라 부른다.

생물다양성을 고려할 때 가장 쉽게 떠올릴 수 있는 질문은 지구
상에 얼마나 많은 생물 '종'이 존재하느냐이다. 결론부터 말하
자면 정확히는 아무도 모른다. 생물종이 너무나 다양하기 때문
이다. 과학 기술이 이렇게 발전한 시대에 나노미터 크기의 물질
부터 138억 년 전 우주의 탄생까지 상상하는 인간이 자기가 살
고 있는 행성의 생물종 수도 제대로 모른다는 것이 우습기는 하
지만, 사실이다. 아마존의 깊은 숲속에 들어가면 '나무 한 그루
마다 이제까지 보고되지 않았던 새로운 곤충이 살고 있다'라는
농담이 있을 정도이다. 우리가 현재 가지고 있는 생태학 지식으
로는 가장 그럴싸한 방법을 이용해서 대략적인 종 수를 추산하
는 수밖에 없다. 지구상에 존재하는 모든 생물종의 수를 추산하
기 위해 현재까지 사용된 방법들은 크게 세 가지가 있다.

　　첫 번째는 큰 규모에서 생물들이 분포하는 양상을 파악
한 후 이것에 근거해서 추정하는 방법이다. 한 지역에 사는 생
물들의 크기와 숫자 및 종류에는 일정한 패턴이 있다. 큰 동물
들은 숫자도 적을 뿐 아니라 다양성도 낮다. 이에 비해 아주 작
은 미소 동물들은 숫자도 많고 종류도 더 다양한 경향이 있다.
이 둘 사이의 관계식을 만들면, 우리가 정확히 셀 수 있는 동물
의 종류에 근거해서 제대로 셀 수 없는 작은 동물의 종류를 추
산할 수 있게 된다. 또 식생 조사의 경우 조사하는 면적이 넓어
지면 넓어질수록 더 많은 수의 종이 발견되지만 면적의 크기가

어느 정도에 이르면 증가 속도가 느려지면서 어떤 숫자로 수렴하게 된다. 우리가 지구의 식생별 면적을 알고 있으니, 이를 통해 최대 식물의 종 수가 얼마나 될지 추산이 가능하다. 이러한 방식으로 전 지구상에 존재하는 생물종의 수를 추정한다. 두 번째 방법은 알고 있는 정보를 바탕으로 모르는 생물종을 추정하는 방법이다. 예를 들어 열대우림에 서식하는 나무와 거기에 붙어 사는 곤충들을 조사하다 보면 나무 한 종류에 서식하는 평균적인 곤충 종 수를 파악할 수 있다. 곤충 종 수를 조사하는 것보다 나무 종류를 조사하는 것이 더 쉽고 관련된 자료도 풍부하기 때문에 이미 파악된 나무 종 수를 바탕으로 곤충의 종 수를 추정할 수 있게 된다. 마지막은 인간의 분류 능력에 근거해서 추정하는 방법이다. 이것은 자연과학적인 방법이라기보다 오히려 사회과학적인 접근 방법이다. 과학이 발달하면서 새로 발견되는 종의 수는 계속 증가하는 가운데 발견 속도는 점점 느려진다. 이렇게 시간에 따른 발견 속도의 회귀식에 근거해서 시간이 무한대라면 얼마나 많은 종이 발견될 수 있을지 추정하는 방법이 여기에 속한다. 어찌 보면 너무 오차가 클 것 같지만, 그만큼 생물종 수 추정이 얼마나 어려운 일인지를 잘 웅변해준다고 할 수 있다.

최근에 나온 논문은 좀 더 흥미로운 방법을 사용했다. 시간의 흐름에 따라 생물의 분류 체계인 '종, 속, 과, 목, 강, 문, 계'별로 얼마나 많은 발견이 있는지에 대한 회귀 분석으로 생물 종 수를 추정한 것이다(Mora et al., 2011). 예를 들어 새로 발견되는 종의 수는 18세기 이후로 계속해서 증가하고 있다. 속, 과, 목으로 갈수록 발견되는 속도는 느려지고, '계'의 경우, 오늘날 우리는 지구상에 있는 모든 계를 이미 알고 있다. 이 관계는 그림 3-1에 표현되어 있다. 이해를 돕기 위해 외계인이 우리나라 전체에 있는 학부생 수를 추정하는 연구를 하고 있다고 가정해보자. 단기간에 학생 하나하나를 모두 세는 것이 어렵기 때문에 조사를 하고 다니다 보면 매일 새로운 대학생을 발견할 것이다. 그렇지만 이들이 속한 학과를 조사한다면 새로운 학과를 발견하는 속도는 새로운 학생을 발견하는 속도보다 조금 더 느릴 것이고, 새로운 단과 대학의 발견 속도는 더 느릴 것이다. 아마도 1~2년 조사하다 보면 결국 한국에 있는 모든 대학의 이름은 금방 파악될 것이다. 새로운 학생을 만나더라도 이미 파악된 200~300여 개 대학 중 하나의 소속일 것이다. 이렇게 학과 — 단과대학 — 대학을 x 축에, 그리고 이것의 추정치를 y축에 넣고 회귀 분석을 하면 학생 수의 추정치를 얻을 수 있다. 이런 방식으로 추정한 '진핵생물'의 종류는 모두 870만 종에 달한다. 이 숫자 자체도 어마어마하거니와 세균과 같은 미생물 종류는 제외한 숫자니 지구상에 존재하는 생물이 얼마나 다양한지 잘 알 수 있다.

그런데 생태학자나 환경학자들이 생각하는 생물다양성은

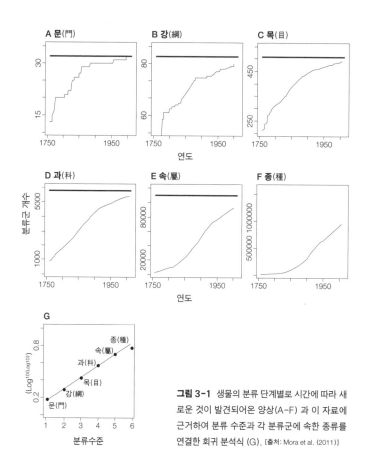

그림 3-1 생물의 분류 단계별로 시간에 따라 새로운 것이 발견되어온 양상(A-F) 과 이 자료에 근거하여 분류 수준과 각 분류군에 속한 종류를 연결한 회귀 분석식 (G). [출처: Mora et al. (2011)]

단순히 생물종 수만 고려하는 개념이 아니라 한 종 안에서의 '유전적 다양성'과 생물들이 서식하는 '서식지의 다양성'도 포함하는 개념이다. 쉽게 말해서 노아의 방주에 각 생물종 한 쌍

씩을 태웠던 것과 같은 방식으로는 제대로 된 생물다양성을 유지할 수 없다는 말이다. 다른 종류의 생태계 문제들은 보존을 주장하는 사람들의 목소리가 큰 반면 생물다양성과 관련된 부분은 주로 수세적인 입장에서 논쟁이 벌어지곤 한다. 예를 들어 어떤 건설 사업을 통해 생태계가 파괴되는 경우, 수질이 악화되거나 산림이 파괴되어 탄소 저장량이 줄어든다는 주장은 잘 먹히지만, 특정 파충류나 희귀 식물이 사라질 거라는 문제 제기에 대해서는 쓸데없는 주장이라고 생각하는 사람들이 많다. 이런 인식의 차이를 불러오는 이유 중 하나는 생물다양성이 높은 것이 인간 혹은 생태계에게 어떤 이익을 주는지 대중에게 명백하지 않기 때문이다. 뒷산에 식물이 100종이 있든 아니면 조경 사업을 통해서 대충 땅에 심긴 소나무 한 종만 있든 이게 우리 삶에 무슨 영향이 있는가 질문을 던질 수 있다는 말이다. 이런 측면에서 생물다양성을 유지하는 것이 생태계에 그리고 더 나아가 인간에게 어떤 이익이 있을지 밝히는 연구는 매우 중요하다.

생물다양성을 유지할 때 얻을 수 있는 효용을 밝히기 위해 생태학자들은 생물다양성과 생태계의 생산성 간의 상관관계를 연구했다. 다시 말해 다양한 식물들이 함께 자라는 환경에서는 한 종류의 식물만 자라는 환경보다 전체적으로 많은 양의 식물이 크게 자라는지를 확인한 것이다. 결론은 '그렇다' 이다. 인간으로 비유하자면 다양한 사업을 벌이는 기업이 하나의 사업만 벌이는 기업보다 더 큰 돈을 벌 가능성이 높다는 말이다. 이런 현상이 관찰되는 원인으로 크게 두 가지를 들 수 있다. 하나는 종의 수가 많아지면서 크게 잘 성장하는 식물이 나타날 가능성이 우연히 높아지는 것이다. 또 다른 원인은 다양한 종이 있는 생태계에서 자원이 효율적으로 배분될 수 있기 때문이다. 전자를 선택효과Selection effect라고 하고 후자를 보완효과 Complementary effect라고 한다.

식물들은 각 종마다 생장 속도가 다르다. 몇몇 종은 유달리 단기간에 크게 자란다. 식물의 다양성이 높은 지역에서는 이렇게 성장이 뛰어난 종이 포함될 가능성이 확률적으로 높아지기 때문에 다양성을 높이면 식물의 평균적인 크기가 커지고 성장속도도 빨라진다. 이것이 바로 선택효과다. 쉽게 말하자면 대학에서 신입생을 뽑을 때도 일률적으로 학업 성취도가 높은 학생만 뽑는 것보다는 각각 다른 특기가 있는 여러 학생들을 뽑아야 나중에 천재성을 보일 인재가 포함될 확률이 높아질 것이다. 보완효과는 식물마다 필요로 하는 자원이 다르다는 사실에 근거하고 있다. 예를 들어 어떤 식물들은 밝은 빛을 필요로 하고 어떤 식물은 오히려 그늘에서 잘 자란다. 이 두 종류의 식물이 각각 한 종씩만 자랄 때는 각 개체가 모두 같은 자원 ─ 즉 밝은 빛 혹은 그늘 ─ 을 위해 경쟁하기 때문에 경쟁에 뒤처진 개체는 성장 속도가 느려지고 결국에는 생태계 전체의 평균 성장량이 줄어든다. 이에 비해 두 종이 섞여서 자라는 경우에는 두 종 모두 만족스러운 성장을 할 수 있다. 이것은 빛 에너지뿐 아니라, 물, 질소나 인과 같은 영양분 모두에 적용된다.

다양성이 생태계의 기능에 미치는 영향은 미네소타 대학의 틸먼Tillman교수 팀이 1990년대에 수행한 흥미로운 실험 결과에 근거하고 있다. 가로 세로 9m인 수많은 실험구를 준비한 후 각각에 식물 한 종, 두 종, 네 종, 여덟 종, 열여섯 종, 서른 두 종을 다른 조합으로 식재하여 키웠다. 몇 해가 지난 후 각 실험

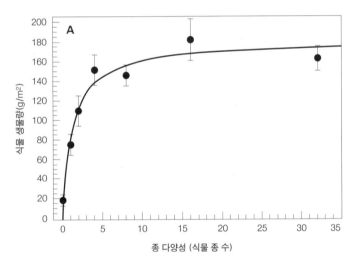

그림 3-2 틸먼 교수 연구진이 생물다양성의 효용을 알아보기 위한 실험을 통해 식물 종 수와 거기에 따른 생물의 생체량의 관계를 표현한 그래프. [출처: Tilman et al. (1997)]

구에서 성장한 식물을 모두 수확해서 질량을 재어보니 그 결과는 그림 3-2와 같았다. 실험구에 있는 식물 종 수가 8종 정도까지 증가할 때는 실제로 식물의 성장 정도가 점점 더 커진 것을 확인할 수 있다. 앞에서 말한 두 가지 효과가 실제로 나타난 것이다. 그렇지만 8종 이상의 식물 종 수가 있는 실험구에서는 그 이상 긍정적인 효과는 나타나지 않았다.

또 하나의 중요한 문제는 생물다양성과 생태계의 안정성 사이의 상관관계이다. 이 문제는 앞의 질문처럼 그리 간단하지 않다. '안정성Stability'이라는 개념 자체가 여러 가지 의미를 포함하고 있을 뿐 아니라, 다양성이 커지면 충격을 받았을 때 빨리 원상태로 돌아가기가 쉽지 않을 수 있기 때문이다. 안정성이라는 것은 크게 두 가지 측면에서 고려해볼 수 있다. 첫 번째는 '저항성Resilience으로, 외부에서 충격을 받았을 때 얼마나 잘 버틸 것인지와 관련되어 있다. 안정성의 또 다른 측면은 '회복력 Resilience'으로, 시스템이 파괴되거나 충격을 받은 이후에 얼마나 빨리 그리고 완전하게 원상태에 가깝게 회복되는지와 관련되어 있다.

여러 이론적, 실험적 결과들에 따르면 생태계 구성원의 다양성과 안정성의 관계는 어느 수준에서 시스템을 바라보는지에 따라 달라진다. 앞서 살펴본 틸먼의 실험 결과를 더 자세히 살펴보면 다양성이 높아질수록 개별 종의 질량은 매년 들쑥날쑥 크게 변화했다. 즉, 개체군 수준에서는 다양성이 높아지면 오히려 안정성이 적어진 셈이다. 그러나 틸먼의 연구뿐 아니라 이후 여러 연구 결과들을 종합해 보면, '생태계' 수준에서는 다양성이 높으면 안정성도 커진다. 이것은 '보험효과Insurance effect'에 크게 기인한다. 생물종마다 잘 견디는 환경이 있는데, 다양한 종들이 함께 존재하면 환경이 바뀌어도 잘 견디는 종들이 전체 시스템을 이끌어가는 것이다. 투자에 많이 인용되는 격언 '모든 계란을 한 바구니에 담지 말라'라는 말을 떠올리면 쉽게 이해가 될 것이다. 한 곳에 '몰빵'하기보다는 재산을 여기저기에 분산 투자하면 하나가 잘못되어도 다른 것이 이를 메꿔줄 수 있듯, 생태계도 마찬가지다.

마지막으로 생물다양성과 관련해서 중요한 발견 중 하나는 위에서 말한 관계들이 '선형적'이지 않다는 점이다. 다시 말하자면 생물종 수가 늘거나 주는 것에 비례해서 생산성이 높아지거나 안정성이 변화하지 않는다. 생물 몇 종이 없어져도 별 변화가 없다가 어떤 임계점을 넘는 순간 엄청난 변화가 일어날 수도 있다는 의미다. 생태학자들이 별로 예뻐 보이지도 않는 도롱뇽 하나, 색깔이 화려하지도 않은 풀 한 포기에 집착하는 이유이다.

이러한 사실들에도 불구하고 다양성이 높으면 여전히 안정성은 물론 생산성에도 부정적인 효과가 나타날 것이라 믿는 사람들이 많다. 특히 인간의 사회에서 더욱 그러하다. 이질적인 사람들이 많이 모이면 조직의 단결력이 떨어지지 않을까, 조직이 너무 복잡해진 상황에서는 충격을 받으면 오히려 쉽게 와해되지 않을까 하는 우려도 생길 수 있다. 그렇지만 여전히 다양성이 긍정적인 역할을 한다는 것이 나의 믿음이다. 예를 들어, 미국 대학의 가장 부러운 점 중 하나는 조직의 다양성을 증대시키기 위한 여러 가지 노력을 벌인다는 것이다. 미국 사회의 특성상 인종만이 아니라 성별, 나이, 전공, 국적 등 거의 모든 점에서 최대한 다양한 사람들이 모여서 연구와 교육을 하도록 장려한다. 국내에서도 관심이 많은 세계 대학의 순위를 매기는 여러 가지 지표에서 미국 대학들이 상위권을 휩쓸고 있는 것을 보면 다양성의 가치가 크다는 것이 잘 드러난다.

　　그렇다면 생태계의 구성원, 다시 말하자면 생물종의 다양성을 확보하려면 우리가 어떤 노력을 기울여야 할까? 혹은 다양성이 높은 생태계들은 어떤 속성을 가지고 있을까? 생태계의 물리화학적 환경이 안정적이고 변화가 없다면 생물다양성이 높아질까? 이에 대한 통찰 한 가지를 공유하고자 한다. 바로 '교란Disturbance'에 관한 논의이다. 인간의 파괴가 없더라도 자연 생태계는 항상 환경의 변화에 큰 영향을 받는다. 예를 들어, 수백 년 자란 숲도 번개로 시작된 자연 산불 때문에 한순간에 잿더미로 변하기도 하고, 큰 강 주변은 매년 혹은 수년에 한 번씩 일어나는 큰 홍수로 풀밭이던 곳이 하루아침에 물바다로 바뀌기도 한다. 여기에 더불어 산림 벌채, 외래종의 도입, 댐 건설이나 준설 등 인간이 벌이는 일들은 생태계의 근본을 뒤흔드는 변화를 일으킨다. 이렇게 생태계가 받는 물리적 혹은 생물학적 충격을 교란이라고 부른다. 전통적으로 생태학자들은 이러한 교란이 생태계를 파괴하거나 안정적인 생태계를 뒤흔들어 불안정하게 만드는 요소라고 생각했다. 이런 생각의 기저에는 생태계가 하나의 방향을 향해 계속 발전하여 최종적으로는 안정된 상태에 이른다는 매우 직선적인 개념이 있었다. 교란은 이렇게 안정된 상태를 해치는 돌발 변수로 여겨졌다. 어떤 이들은 생태계를 잘 관리하기 위해 이런 교란을 없애야 하며 이를 위해 작은 산불도 절대 일어나지 않게 숲을 관리하고, 홍수를 방지하기 위해 둑을 쌓아야 한다고 주장하기도 했다.

그러나 생태계를 보다 깊이 이해하게 되면서 이러한 관점은 크게 바뀌었다. 인간 활동에 의한 파괴를 제외하고 자연에서 일어나는 적절한 교란은 생태계 내에 존재하는 생물들의 다양성을 크게 높인다. 뿐만 아니라, 어떤 생태계의 경우에는 이런 교란이 없이는 아예 존재할 수가 없다. 예를 들어, 아마존 강과 같은 아열대의 강들은 1년 내내 물이 범람했다가 빠지고, 다시 범람하는 현상이 주기적으로 반복된다. 이런 강에 서식하는 어류와 식물은 홍수 주기에 잘 적응해서 번성한다. 인간의 눈에는 홍수가 큰 교란으로 보이지만 하천에 살아가는 생물에게는 자신이 사는 환경이 건강하게 유지되게끔 하는 필수 조건인 셈이다. 실제로 물의 범람을 막기 위해 둑이나 보를 잘못 설치한 강에서는 물속에 서식하는 물고기의 종류나 숫자도 줄고, 하천변의 식물들의 종류도 단순해지는 것이 발견되었다. 산림 생태계도 마찬가지이다. 북미에 서식하는 여러 종류의 소나무 중에는 큰 산불이 일어나서 온도가 올라가야만 솔방울이 터져서 번식을 할 수 있는 종이 있다. 또 소나무좀과 같은 벌레가 창궐해야만 노쇠한 나무들이 건강한 새로운 나무들로 교체되어 숲이 건강하게 유지되는 경우도 있다. 큰 강가에서 서식하는 은단풍나무도 주기적인 홍수로 다른 나무들이 교란을 겪을 때 급속히 자라 큰 숲을 이룬다. 이렇게 극적인 교란이 아니더라도 대부분의 생태계는 중간 정도의 교란, 즉 생태계를 완전히 파괴시킬 정도는 아니지만 어느 정도 뒤흔들어 놓을 강도의 적절한 교란이 있을 때 생물종의 다양성이 최대에 달하고 안정성도 가장 커진다. 사람도 적절히 스트레스를 받아야 일의 효율이 높아지고, 어느 정도의 세균이나 바이러스에 노출되어야 면역력이 강화되는 것과 유사한 이치이다.

제 4 장

우리가 발 딛고 사는 세상:
다양한 생물군계 이야기

생태계 연구의 장점이자 단점은 현장을 돌아다녀야 한다는 점이다. 물론 이론 연구를 하거나 실험실에 앉아서 컴퓨터로 모델링을 하는 연구자들도 있지만 내가 봤던 유명한 연구자들은 대부분 현장 연구를 즐기거나 그렇지 않더라도 야외에 나가서 자신이 모의하고 있는 시스템을 직접 보고 경험하려고 노력했다. 그러나 인간이 물리적으로 접근할 수 있는 곳은 자신이 살고 있는 국가 부근이 대다수라서, 전 세계적으로 보았을 때 가장 많이, 세세하게 연구된 생태계는 주로 온대 지방에 위치해 있다. 미국, 유럽, 일본과 같이 과학이 발전한 선진국, 그리고 최근에는 새롭게 떠오르고 있는 중국의 연구자들에게 익숙하면서도 그들이 쉽게 방문할 수 있는 곳이 온대산림, 초지, 호수, 하천, 하구 등이기 때문이다. 앞에서 살펴본 바와 같이 기후변화와 관련해서는 북극이나 열대 지방이 매우 중요한데, 이런 곳에는 사람이 접근하기가 어려울 뿐 아니라 선진국이라 부를 만한 나라들이 많이 위치해 있지 않기 때문에 안타깝게도 과학적 연구가 매우 부족한 상태이다.

'푸른 대리석The Blue Marble'이라 불리는 지구를 좀 더 자세히 들여다보면 지역에 따라 상이한 생물상들이 존재한다. 이렇게 눈에 띄게 다른 형태로 넓은 지역에 공존하는 식물과 동물 군집을 생물군계Biome라 한다. 예를 들어, 우리나라가 속한 생물군계는 '온대활엽수림'이다. 자연 다큐멘터리에 자주 나오는 툰드라, 열대우림, 사막 등도 생물군계의 종류 중 하나다. 지구 표면에 이렇게 다양한 생물군계가 나타나는 이유는 각 지역마다 위도가 달라 평균 온도와 강수량이 다르고, 그에 따라 다른 식생과 동물상이 존재하기 때문이다. 이런 생물군계를 연구자가 아닌 사람들은 그냥 생태계라고 부르기도 하지만 엄밀히 말해 생태계와 생물군계는 서로 개념적으로도 시공간적으로도 상이한 의미다. 생물군계는 온도와 강수량에 따라 유사한 종류의 식생과 동물이 서식하는 아주 넓은 면적을 의미한다면, 생태계는 아주 작은 물방울에서부터 지구 전체에 이르기까지 물리적인 규모의 한계가 없는 개념이다.

생태학자들은 서로 다른 생물군계에 존재하는 식물상, 동물상에 대한 연구들을 활발하게 진행해왔고, 그중에서도 생태계 연구자들은 서로 다른 생물군계에서 일어나는 여러 물질 순환을 연구하였다. 이 연구는 아직도 갈 길이 멀다. 특히 내 개인 관심사 중 하나는 서로 다른 생물군계에 존재하는 토양 미생물들은 서로 다를까 혹은 비슷할까 하는 문제다. 동물이나 식물을 연구하는 사람들에게는 이런 질문이 별 의미가 없을 수 있다. 왜냐하면 각각의 동식물은 생존할 수 있는 온도와 강수량이 정해져 있기 때문에, 너무 덥거나 춥거나, 혹은 습하거나 건조하면 그곳에 존재할 수조차 없다. 그런데 자연계에 존재하는 대다수의 미생물은 환경이 나빠지면 아무 활동도 하지 않고 포자 상태로 존재하다가 환경이 좋아지면 다시 활동하는 경우가 많다. 한마디로 '존버'하면서 견뎌내는 종이 대부분이란 말이다. 이와 관련해서 오래된 표현 중 하나로 '모든 것이 모든 곳에, 다만 환경이 선택할 뿐이다'*라는 말이 있다. 다른 생물군계의 토양에 존재하는 미생물은 오랜 진화 과정에서 완전히 다른 종으로 분화한 것일까, 아니면 지구 전체에 걸쳐 유사한 미생물이 뒤덮고 있지만 단지 각각의 환경에 잘 적응한 개체들이 살아나서 활동을 하는 것일까? 이를 알아보려면 지구 전체를 돌아다니면서 서로 다른 생물군계에 있는 미생물들을 비교해봐야 할 것이다.

이 장에서는 지구 곳곳의 여러 가지 생물군계 내에 존재하는 다양한 생태계들을 살펴본다. 그리고 이들이 어떤 특징을 가지고 있으며, 기후변화를 포함한 환경 위기에 얼마나 취약한지, 그리고 동시에 우리에게는 어떤 이익을 주고 있는지 알아보고자 한다. 이 장에서 다루고자 하는 생태계들의 모습은 부록에서 볼 수 있다.

---

* Everything is everywhere, but the environment selects

산림

많은 사람들이 생태계라는 말을 들으면 가장 먼저 머릿속에 떠올리는 이미지는 숲일 것이다. 숲은 광합성 작용을 통해서 산소를 공급하고 이산화탄소를 흡수할 뿐 아니라, 여러 동물들에게 서식지를 제공한다. 또 콘크리트가 보편화되기 전에는 우리가 사는 집의 재료와 난방에 필요한 연료들을 숲에서 얻었다. 지금도 종이와 수많은 의약품의 전구물질들이 숲에서 유래한다. 이런 직접적인 이용 가치 외에도 숲은 인간에게 많은 문화적 영감을 준다. 인간의 조상이 아주 오래전 아프리카 초원으로 용감하게 발을 내딛기 전에는 깊은 숲속에서 오랜 시간을 보냈기 때문일지도 모르겠다. 지금으로부터 겨우 300년 전만 해도, 유럽, 중앙아시아 일부, 인도, 극동아시아를 제외하고 지구 전체는 대부분 숲으로 덮여 있었다. 이처럼 숲은 오랫동안 인류의 삶의 터

전이었지만 우리는 지구상에 몇 그루의 나무가 있는지조차 제대로 알고 있지 못하다. 실제로 UN에서는 '십억 그루 나무 심기 운동Billion Tree Campaign'을 벌이기도 했는데, 최근 연구에 따르면 지구상에 존재하는 나무의 숫자는 3조 그루가 넘는 것으로 알려져 있다(Crowther et al., 2015).

숲, 그러니까 산림은 지구상 어디서나 볼 수 있지만 각 생물군계별로 산림에는 다른 종류의 나무들이 자란다. 우리가 사는 한국과 같은 곳의 생물군계를 온대산림이라 부른다. 날씨는 온화하고 숲은 보통 낙엽수 같은 활엽수나 침엽수로 구성되어 있다. 하천은 산에서 출발해서 숲이나 초지를 휘감아 흐르고 가을이 되면 붉은색 낙엽이 땅에 쌓이는 지역이다. 지표면적의 1/4 정도를 차지하는 온대산림은 지역에 따라 활엽수림 (혹은 낙엽수림), 침엽수림, 혼합림으로 대별되고, 비가 많이 오는 지역에서는 우림이 나타나기도 한다. 우연인지 필연인지 모르겠지만 현재 경제적으로 발전해 있는 미국, 유럽 대부분, 극동아시아 국가들이 온대산림에 속한다. 숲은 이들 문명의 발전과 경제에 큰 기여를 한 동시에 인간의 영향을 가장 많이 받아 이미 크게 변형된 생태계이기도 하다. 그러나 오늘날에는 숲을 보전하고 관리하는 것이 한 나라의 경제적 수준과도 밀접하게 연관되어 있다. 화석 연료를 사용할 인프라가 충분하지 않은 국가의 경우 나무를 땔감으로 사용하기 때문이다. 나무가 줄어든 산에서는 영양소와 토양이 유출되어 나무가 더 자랄 수 없는 환경이 되고, 이러한 악순환이 반복되면 산은 완전히 헐벗은 상태가 된다. 나무가 없으면 단순히 경관이 나빠지거나 목재를 구할 수 없는 문제를 넘어서, 토양이 유출되고 대규모 산사태가 반복된다. 또, 식물 기공을 통해 증발산시키는 물의 양이 줄어들어 숲이 물을 보유할 수 없게 되고 하류에 홍수가 일어날 가능성도 매우 높아진다. 숲에 의존해서 서식하는 엄청난 수의 다양한 동물들이 순식간에 사라져버리는 것은 말할 필요도 없을 것이다. 해방 후 헐벗어 있던 우리의 숲이 한 세대 만에 초록빛으로 변화한 것은, 우리나라 경제가 단기간에 급성장했음을 다른 방식으로 잘 보여주고 있는 셈이다. 실제로 한반도 중부 지방의 위성 사진을 인터넷으로 살펴보면 비교적 산림이 많은 남한과 달리 북한은 민둥산들이 눈에 띈다.

좀 더 더운 지역인 열대나 아열대로 가면 전혀 다른 형태의 산림이 나타난다. 바로 열대우림이다. 적도 가까이에 있는 열대우림이라 불리는 생태계는 이국적이면서도 어딘가 두려운 곳이다. 다큐멘터리 〈아마존의 눈물〉이나 영화 〈타잔〉과 같은 영상물 덕에 친근감이 생기기도 했지만 여전히 열대우림이라 하면 이름 모를 벌레와 희한하게 생긴 덩굴 식물로 뒤덮여 있는 모습이 떠오른다. 열대우림은 기후변화를 포함한 여러 환경 문제 해결과 관련해 생태학자들의 큰 관심사이고, 인류 전체에게도 중요한 생태계다. 하지만 선진국이 위치한 온대 지방에 비해 과학적 정보가 많이 부족한 지역이기도 하다. 개인적으로 열대에서 일어나는 탄소 순환에 관심이 많아서 열대우림을 방문하고 싶었지만 여행이나 조사를 하러 쉽게 방문할 수 있는 지역은 아니었다. 대표적인 열대 지역인 아프리카의 경우에는 유럽 선진국 국가들의 일부 과학자들이나 미국 HYPS* 대학의 학자들처럼 남들이 하지 않는 독창적인 연구를 하려는 이들이 모여 연구를 진행할 뿐이다. 또 다른 열대 지역인 중남미는 미국 과학자들의 독무대라 할 수 있다. 동남아시아에 위치한 열대 지방은 축적된 자료 양으로만 따지면 현재까지는 일본 학자들의 연구가 가장 많고, 국제 학술지에 게재된 논문으로 보면 영국 연구진의 연구들이 널리 알려져 있다.

본격적인 연구를 하지는 못했지만, 열대우림을 관찰할 기회는 몇 차례 있었다. 그 중 한 번은 말레이시아 조호르바루에 있는 말레이시아 공대UTM** 캠퍼스를 방문했을 때다. 인간 교란이 많은 지역이라 기대했던 울창한 산림은 찾아보기 어려웠지만, 교과서에서만 보던 열대 토양의 특성은 금방 알아볼 수

---

* Harvard, Yale, Princeton, Stanford의 머리글자로 미국 최고의 대학을 의미한다. 우리로 말하자면 'SKY'대학에 해당하는 말이다.

** Universiti Teknologi Malaysia

있었다. 사람들은 열대의 울창한 숲을 보고 토양도 비옥할 것이라 생각하지만 사실은 그렇지 않다. 낙엽이나 낙지가 떨어져도 높은 온도로 인해서 금방 분해되므로 토양의 유기물 함량은 그리 높지 않고, 시도 때도 없이 오는 비 때문에 토양 침식과 영양분의 용탈이 심하다. 이런 이유로 열대우림의 토양은 대부분 철분이 유출되고 산화되어 붉은 빛을 띠고, 영양분, 특히 인이 부족한 것이 특징이다. 열대 생태계란 뿌리가 깊지 않은 나무의 형상이라고나 할까. 또 다른 열대우림을 살펴본 건 푸에르토리코에서 열린 국제습지학회SWS*에 참석했을 때다. 이때 엘 윤케 El Yunque 국립 공원을 둘러볼 기회가 있었다. 미국의 장기생태연구지 중에서 열대우림을 연구하기 위한 곳으로 널리 알려져 있는 이곳은 영화에서 보던 것 같은 울창한 산림과 수많은 착생식물Epiphyte들이 주렁주렁 자라나는 곳이다. 식물학 전공자가 아닌 내가 언뜻 보기에도 식물의 다양성은 엄청나게 높아 보였다.

　나처럼 직접 눈으로 확인하지 않더라도 열대우림의 생물다양성이 매우 높다는 사실은 널리 알려져 있다. 열대우림은 사람들의 관심을 끄는 오랑우탄뿐 아니라 수많은 희귀한 무척추

* Society of Wetland Scientists

동물과 식물들의 보고다. 열대우림은 이 외에도 눈에 보이지 않는 중요한 역할을 하고 있으니, 바로 이산화탄소를 흡수하는 역할이다. 열대우림의 수많은 식물들은 광합성 반응을 통해 공기 중의 이산화탄소와 땅속의 양분 및 물을 흡수한다. 매년 열대우림이 흡수하는 이산화탄소량은 약 9Gt으로 인간이 매년 화석 연료 사용으로 배출하는 이산화탄소의 양과 맞먹는다. 또한 이 과정에서 식물들은 당분과 많은 양의 산소도 만들어낸다. 가히 지구의 허파라 불릴 만한 곳이다. 하지만 여기서 정확히 짚고 넘어가야 할 점이 있다. 식물도 우리처럼 숨을 쉬기 때문에 광합성량이 적은 밤에는 이산화탄소를 배출하고, 식물을 먹고 사는 동물들, 특히 눈에 보이지도 않는 흙 속의 미생물들이 많은 양의 이산화탄소를 배출한다는 사실이다. 어떤 숲이 이산화탄소를 흡수하고 산소를 배출하는 정도는 그 숲의 나이나 환경과 밀접한 관계가 있다. 월급을 많이 받는다고 통장의 잔액이 자동으로 늘어나는 것이 아니라 지출에 따라 잔고가 결정되는 것과 같은 이치이다. 어린 묘목이 큰 나무로 자라는 동안에는 광합성으로 흡수하는 이산화탄소량이 배출량보다 많고, 따라서 이산화탄소보다 더 많은 양의 산소를 내놓는다. 그렇지만 숲이 충분히 자라고 나면 이 양은 거의 평형에 달한다. 수입 지출을 모두 따져보면 현재의 아마존 숲을 지구의 허파라고 부르는 것은 적절치 않을지도 모른다. 긴 시간을 놓고 보면 허파 역할을 했을 수도 있지만 말이다. 그렇다면 아마존 숲이 없어져도 상관이 없다는 말인가? 그건 절대 아니다. 만일 불이 나서 숲이 타버린다면 그동안 축적된 탄소가 모두 강력한 온난화 기체인 이산화탄소로 배출된다. 신용카드로 흥청망청 돈까지 쓰면 그나마 통장에 저축해두었던 돈을 다 써버리게 되는 것과 마찬가지다.

그러나 '지구의 허파'라는 별칭이 무색하게도 열대는 지구상에서 숲의 대규모 파괴가 가장 빠른 속도로 진행되고 있는 곳이다. 2016년에는 전 세계에서 30만km²의 숲이 없어져 신기록을 세웠다. 이중 1/4 정도가 아마존과 같은 열대의 원시림이다. 평균적으로 '경상도'크기의 열대우림이 매년 없어진다고 보면된다. 열대에 위치한 나라들 상당수가 자연 자원을 근간으로 경제를 유지하기 때문에, 대규모로 목재를 벌목하거나 화전을 일구고, 노천 광산을 개발하는 등의 경제 활동이 매우 흔하다. 더욱이 부패했거나 행정력이 약한 이 지역들의 정부는 불법적인 산림 파괴를 부추기고 있다.

브라질과 인도네시아는 정부의 잘못된 정책과 사람들의 탐욕으로 열대우림이 파괴된 대표적인 예다. 2019년은 산불의 해로 기억될 것이다. 아마존을 비롯한 남미 열대우림에서 큰 산불이 일어났기 때문이다. 사실 아마존의 파괴는 전 세계의 이목을 끌어왔던 환경 문제라 브라질 정부도 2004~2012년에 걸쳐 대대적인 산림 보호 정책을 폈고, 이는 상당한 성과를 거두었다. 2010년에 대규모 산불이 벌어졌음에도 불구하고 브라질의 열대우림 보호 정책은 성공적이라 할 수 있었다. 하지만 브라질에 경제 위기가 닥치고 극우파 정치인 보우소나루 대통령이 취임한 후 모든 것은 바뀌었다. 대통령의 경제 우선 정책과 더불어 산림 보호가 브라질에 이익이 되지 않는다는 조짐이 보이자 개발업자들이 달려들었다. 이들은 중앙 정부의 묵인과 지방 정부의 독려하에 불법 벌채를 하고, 목장을 개간하는가 하면, 탄광을 개발하여 산림을 직접적으로 파괴하고 있다. 나는 이런 과정을 통해서 브라질의 경제가 얼마나 회복될 수 있을지 회의적이다. 같은 대통령이 코로나 바이러스에 대처하는 방식을 보면, 그의 산림 '개발' 정책의 결과도 훤히 내다보인다.

아시아에서는 인도네시아에서 이보다 더 큰 규모의 정책 실패작이 있었다. 인도네시아는 국토 면적이 넓고 인구가 많으며, 광활한 열대우림을 보유한 국가다. 가구 회사 이름 덕에 한국에서는 '보르네오'라는 이름으로 더 잘 알려진 '칼리만탄' 섬이 특히 대표적인 열대우림 지역이다. 이 섬의 숲 바닥은 '이탄습지'라고 부르는 독특한 습지가 발달해 있다. 원래 이탄습지는 날씨가 추운 북구 지방에서 흔히 발견되는 지형인데, 특이하게도 칼리만탄 섬에는 이런 이탄습지가 널리 분포한다. 인도네시아 정부는 1990년대 중반 이 지역을 대상으로 '메가 라이스 프로젝트'라는 야심찬 계획을 세웠다. 칼리만탄의 이탄습지에서

물을 빼서 100만ha에 달하는 농경지를 개발하겠다는 계획이었
다. 이를 위해 인도네시아 정부는 4,000km 이상의 수로와 운하
를 만들어 습지의 물을 빼냈고, 농토 제공과 정부 보조금을 약
속하며 많은 농부들을 이 지역으로 이주시켰다. 그러나 이 계획
은 곧 재앙으로 변해버렸다. 도로와 운하가 건설되자 바로 불
법 벌목과 화전이 광범위하게 벌어졌고, 말라버린 숲에선 대규
모 산불이 나기 시작했다. 더욱이 습지의 물을 빼고 나니 지반
암에 산소가 공급되면서 철과 결합되어 있던 환원된 황이 산화
되는 바람에 황산이라는 물질이 만들어져 농사는커녕 식수조차
구하기 어려워졌다. 수백 년 걸쳐 형성된 숲과 이탄이 단 몇 년
만에 파괴되고 엄청난 양의 이산화탄소가 발생했을 뿐 아니라,
결국에는 처음 목표였던 농사도 지을 수 없는 땅이 되어버린 것
이다. 더욱이 1997년 아시아에 불어닥친 경제 위기로 인도네시
아 정부는 모든 계획을 포기했고, 이주 농민들에게 약속했던 지
원도 중단했다. 이렇다 할 생산업도 없는 인도네시아의 온난화
기체 발생량은 현재 세계에서 11번째 정도로, 경제 규모가 훨씬
큰 호주, 브라질, 프랑스, 이탈리아 등을 능가한다.

무엇이 잘못된 것일까? 아무 쓸모도 없다고 생각했던 이탄
습지는 중요한 역할을 하고 있었고, 기본 조사도 제대로 하지
않고 급히 진행한 사업은 황산이라는 예상치 못한 자연의 반격
에 부딪혔으며, 예측할 수 없는 세계 경제의 요동은 정부의 약

속을 휴지 조각으로 만들어버렸다. 거기다 부패한 관료와 탐욕스러운 기업들은 숲을 마구잡이로 파괴했다. 어디서 많이 들어본 이야기 아닌가? 하천 바닥의 토양이 중요한 역할을 한다는 과학자들의 주장에는 귀를 닫아버린 채 그것을 파내서 팔아버리면 공사비를 벌 수 있다며 일을 계획하고, 제대로 된 수리 모형 실험도 하지 않은 채 강물을 막아버려 안정성의 논란이 계속되고 있으며, 경기 침체 속에 유지 관리비를 누가 내야 할지에 대해선 아직도 정해진 바가 없다. 공사 수주 과정에서의 담합 의혹까지 나왔으니 참 비슷한 모양새다. 준비 없는 자연의 개조는 재앙으로 마무리된다는 것이 역사의 교훈이다. 이런 교훈이라도 제대로 얻는다면 4대강 사업에 들어간 22조원의 가치는 충분히 한 것일까?

최근 들어서 아시아의 열대우림은 새로운 문제에 직면하고 있다. 바로 대규모의 '기름야자' 경작이다. 아마도 이 책을 읽는 독자들은 모두 라면을 즐겨 먹을 것이다. 라면을 만들 때 면을 튀기는 식용유가 팜유인데 이 팜유가 기름야자에서 나온다. 우리나라뿐 아니라 전 세계적으로 팜유의 수요가 늘어나기 시작하자 열대 지방에서는 이 나무를 대규모로 심기 시작했다. 말레이시아나 인도네시아의 시골에 가면 팜유 농장을 어디서나 흔히 볼 수 있고 구글어스 지도에서도 눈에 띌 정도다. 보통은 별 쓸모없다고 생각되는 열대 이탄습지의 물을 빼거나 열대우림의 나무를 자르고 태워버린 후에 그곳에 기름야자를 심는다. 나무는 공기 중 이산화탄소를 흡수하니까 오히려 좋은 것 아니냐고 할 수 있지만, 문제는 나무를 심기 위해 이탄습지가 파괴된다는 것이다. 이탄습지를 파괴하면 땅속에 보유되어 있던 많은 양의 탄소가 이산화탄소로 배출되거나 물에 녹아 용존유기탄소의 형태로 하천으로 배출된다. 실제로 2013년『네이처』에 발표한 논문을 보면 더 우려스러운 현상이 발견되었다(Moore et al., 2013). 원시림을 없애고 기름야자를 심은 지역에서는 최근에 광합성으로 토양에 쌓인 유기물뿐 아니라 이탄 깊숙이 저장되어 있던 수천 년 된 유기물이 분해되어 배출된다는 사실이다. 최근에 저금한 돈을 찾아 쓰는 정도가 아니라 오랫동안 적립해 온 생명 보험 계약을 깨버리는 것과 마찬가지인 현상이다. 열대우림의 파괴로 멸종 위기에 처한 오랑우탄 같은 야생 동물에 관심을 가지는 것 외에, 이제는 눈에 보이지 않는 온난화 기체의 발생이나 탄소 저장 능력에 대해서도 생태계의 관점에서 살펴봐야 할 시기이다.

토양

'은수저를 물고 태어나다'* 라는 영어 표현에서 '은수저'라는 말이 나왔고, 이를 우리식으로 변환해서 '금수저'라는 표현이 널리 쓰이고 있다. 그런데 이의 반대말을 '흙수저'라 하는 것에는 동의하기 어렵다. '금'이나 '은' 보다 못하다면 '동수저'가 나와야 할 것 같고, 이것도 충분히 부정적이지 못하다면 '동'을 경음硬音으로 하는 것도 가능할 것 같은데, 엉뚱하게 '흙수저'라는 말이 널리 쓰이다니 사람들이 '흙'을 얼마나 하찮게 여기는지 알수 있다. 대중들이 토양의 중요성을 모르는 것은 그리 나무랄일도 아니다. 그런데 생태학이나 조경학을 전공한다는 사람들

---

* Born with a silver spoon in his mouth

조차 토양을 우습게 보는 것은 매우 불편한 현실이다.

1991년에 미국 애리조나 사막에 '생물권 2Biosphere 2'라 불리는 엄청난 규모의 생태 연구 시설이 건설되었다. 외부 공기와 차단된 대규모 온실 같은 설비로, 이 안에 사막이나 열대우림 등 지구상의 대표적인 생물군계 7개를 만들어놓아, 지구의 축소판이라 할 수 있는 시설이었다. 복잡한 설계 과정을 거치고 엄청난 비용을 들여 만든 시설이었지만 첫 번째 실험에서는 예상치 못한 일이 일어났다. 공기 중의 이산화탄소 농도가 너무 높아져서 안에 거주하는 생물들이 영향을 받을 지경에 이른 것이다. 외부와 독립된 완전한 자연 순환 지구 모사 장치를 만들겠다고 공언했지만, 결국에는 이산화탄소를 제거하는 기계 장치를 몰래 설치했다는 소문이 파다했다. 이렇게 된 이유는 토양 속에 있는 미생물들이 숨을 쉬면서 내놓은 이산화탄소량을 예상치 못했기 때문이다. 결국 흙을 고려하지 않아 일어난 일이다.

이처럼 흙, 좀 더 어려운 말로 '토양'이라 불리는 지구 표면의 얇은 층은 우리의 푸대접과 달리 인간을 포함한 지구의 생명체들에게 절대적으로 필요한 물질이다. 몇 년 전, 영화 〈마션 Martian〉에서, 화성에 홀로 남은 주인공이 살아남기 위해 배설물을 이용해서 농사가 가능한 토양을 만들던 장면을 기억하는 사람들이 많을 것이다. 토양은 농작물과 가축을 기르는 데 필요할

뿐만 아니라, 우리가 마실 수 있는 물을 얻는 데에도 매우 중요한 역할을 한다. 비싼 값에 사 마시고 있는 생수들은 땅 중심에서 지면으로 솟아난 물이 아니다. 지표면에 내린 비가 흙을 천천히 통과하면서 오랜 기간 정화되어 깨끗해진 물이다. 무엇보다도, 토양은 우리가 배출한 온갖 오염 물질을 분해하여 없앤다. 만일 토양이 없다면 우리 주위는 수도 없이 많은 종류의 독성 물질로 가득 차 있을 것이다.

토양의 위상을 보여주는 구체적인 사례로 우리에게 항생제로 익숙한 '마이신'을 들 수 있다. 1943년 과학자 왁스먼Selman Abraham Waksman은 흙에서 나온 여러 미생물을 분리하여 특성을 조사하다가 곰팡이처럼 생긴 방선균의 일종인 스트랩토마이세스·글리세우스Streptomyces griseus라는 세균이 다른 세균을 죽이는 물질을 만들어낸다는 것을 발견했다. 그는 이 물질을 '스트렙토 마이신streptomycin'이라 이름 붙였다. 왁스먼은 마이신을 개발한 공로로 1952년 노벨상을 수상했다. 이전까지는 학계에서조차 첨단의 분자생물학에 비해 특별히 중요하게 여기지 않았고, 그래서 정부 연구비를 얻기조차 어려웠던 토양 미생물 연구가 결과적으로 수많은 인간의 생명을 구하게 된 것이다.

토양은 전 지구적 기후변화와 관련해서도 여러 가지 중요한 역할을 담당하고 있다. 온도가 상승하면 미생물의 활성도가 증가하는데, 이로 인해 토양 내에 쌓여 있던 유기물이 분해되면서 이산화탄소를 더 많이 배출할 수도 있다. 반대로 미래 환경에서 식물이 더 크고 빠르게 자란다면 토양 안으로 유입되는 유기물 양이 증가할 수 있고, 이에 따라 토양이 저장하는 탄소량이 많아질 수도 있다. 결국 육상 생태계가 배출하고 저장하는 탄소량을 결정 짓는 것은 토양의 미생물들이다.

잘 알려져 있지 않지만, 이산화탄소뿐 아니라 메탄의 동태에 있어서도 토양은 매우 중요한 역할을 한다. 메탄은 주로 습하고 유기물이 풍부한 곳에서 만들어지기 때문에 온대산림은 메탄을 거의 배출하지 않는다. 최근 들어 나무를 통해서 배출되는 메탄이 새로운 연구 주제로 떠오르고는 있지만 아직 과학자들 사이의 관심사지 일반화된 이론은 아니다. 이보다는 산림 토양이 메탄을 없애는 역할을 하는가가 중요한 문제이다. 산림 토양 표면 부근에는 메탄산화세균Methanotroph이라 부르는 특별한 미생물이 살고 있다. 이들은 독립영양생물 중 하나로, 일반적인 미생물처럼 낙엽이나 죽은 사체를 분해해서 에너지를 얻는 것이 아니라 공기 중에 있는 메탄을 산화시켜 이산화탄소로 태워버리고 여기서 얻은 에너지로 생명을 영위한다. 전 지구적 메탄 순환을 살펴보면 공기 중으로 배출되는 메탄 중 90%가량은 대기 중에서 화학 반응으로 산화되어 없어진다. 그러나 나머지 10% 정도는 산림, 초지 등 육상 생태계 표층에 존재하는 미생물들의 산화로 사라진다. 만일 이 작용이 없다면 대기 중에 쌓이는 메탄양은 더 많아질 것이며 결국 기후변화는 지금보다 훨씬 더 가속화될 것이다.

이런 이유로 산림 토양에서 일어나는 메탄 산화에 대한 연구가 선진국에서 상당히 많이 진행되었고, 주요한 조절 인자는 강수량과 온도라는 것도 자명한 사실이라고 여겨졌다. 왜냐하면 비가 많이 오면 토양 입자 사이에 공기가 유입되기 어렵고, 그렇게 되면 앞서 말한 메탄산화세균이 메탄과 접촉할 수 없어서 결국 산화 속도가 떨어지기 때문이다. 또 대부분의 생물들이 그러하듯 온도가 상승하면 생화학 반응 속도가 증가한다. 이런 이유로 지구 전체에서 토양의 메탄 산화량을 추정한 모델 연구들을 보면 주로 열대 지방에서, 그리고 같은 열대 지방이라면 좀 더 건조한 지역이나 시기에 메탄 산화가 활발하게 일어날 것으로 추정했다. 그런데 국내의 광릉 침엽수림과 제주도의 숲에서 우리 연구진이 측정한 자료에 따르면 온도나 토양의 수분 함량보다는 오히려 토양 유기물 함량이 더 중요한 환경 인자인 것으로 나타났다. 뭔가 잘못된 건 아닌지 의심했지만, 다른 나라에서 수행된 70여 개의 연구 결과를 모두 모아서 수행한 소위 '메타 분석Meta-analysis'이라는 방식의 분석에서도 같은 결과를 얻었다. 이 결과는 이 글을 쓰고 있는 지금 논문으로 준비 중인데, 희망컨대 많은 사람들이 읽어볼 수 있는 영향력 있는 학술지에 게재되길 기대한다. 이미 우리가 알고 있는 상식에 머물지 않고 항상 새로운 가능성이 열려 있다는 점이야말로 과학의 매력임을 다시 보여준 사례다.

　우리에게 익숙한 토양은 알게 모르게 이렇게 많은 역할을 하고 있다. 하지만 인구가 증가하면서 도시도 늘어나고 집약적인 농업을 하다 보니 토양이 점점 황폐화되고 있다. 세계식량농업기구 자료에 따르면 전 세계 토양의 1/3은 이미 사용하지 못하는 땅이 되어버렸다. 지나친 비료와 농약의 사용, 토착 식물의 멸종, 산림 파괴와 개발로 인한 토양 침식, 과도한 경운과 집중 농업 등이 그 원인으로 꼽힌다. 그에 따라 황폐화된 토양을 다시 재생시키려는 노력도 여러 가지로 진행되고 있다. 대표적으로 휴농기에 토양이 침식되지 않도록 지표 식물을 심거나, 토양을 갈지 않고 농사를 짓는 무경운 농업, 화학 물질을 사용하지 않는 유기농 등을 농업에 도입하는 방법이 있다. 열대 지방에서는 임업과 농업을 연계하여 나무와 작물을 함께 키우는 작법들도 시도되고 있다. 늘 곁에 있다고 해서 흙을 우습게 여긴다면 우리는 이 지구에서 살아갈 수 없을 것이다. 기후 위기가 가속화되는 지금이야말로 흙의 역할이 절실하게 필요한 때이다.

습지

'3연패의 늪에 빠진 기아', '수렁에서 건진 내 딸', '뻘짓 하고 있네' 등 우리가 흔히 사용하는 말을 살피면 알게 모르게 습지를 부정적으로 여기고 있음이 드러난다. 영어에서도 'bog down', 'swamp'라는 단어는 습지라는 뜻을 포함하면서 동시에 일이 제대로 진행되지 못하고 있는 답답한 상황을 표현할 때 사용한다. 인류는 습지에 의존해서 문명을 발전시켰음에도 불구하고, 역사적으로 습지는 쓸모없어서 버려야 할 땅, 물을 빼내고 메꿔서 농사를 지어야 하는 땅으로 간주되었다. 이런 이유로 북미 대륙에는 유럽인들이 들어온 이후 절반 이상의 습지가 사라졌고, 영국에서도 비슷한 일들이 일어났다. 그러나 현대에 들어 습지는 생태계 연구의 중요한 대상이 되었을 뿐 아니라, 보존하고, 인공적으로 만들어서까지 이용해야 할 존재로 재탄생했다. 습지의 가치가 이렇게 새롭게 평가된 데에는 다음과 같은 습지의 가치가 알려졌기 때문이다.

우선 습지는 생태학에서 말하는 대표적인 '점이지대Ecotone'*이다. 점이지대란 두 개의 상이한 생태계가 서로 접하는 곳을 말하는데, 땅과 강이 만나는 내륙습지, 육상과 바닷물이 만나는 연안습지 등이 대표적인 점이지대다. 이곳에는 땅과 물에 각기 서식하는 생물들이 함께 발견될 뿐 아니라, 그 지역에 독특하게 적응한 종들도 발견되기 때문에 전체적으로 생물다양성이 매우 높다. 습지를 '생물의 백화점'이라고 부르기도 하는 이유다. 또 호주 부근에서 시작해서 시베리아까지 이동하는 철새들은 중간에 쉬면서 먹이 활동을 할 수 있는 중간 경유지들이 필요한데, 우리나라에 존재하는 연안습지가 이런 중요한 역할을 한다. 우리나라 갯벌이 없어지는 것이 우리만의 문제가 아니라 수천 킬로미터 떨어진 곳에서 사는 새들의 운명을 결정하게 되는 것이다. 또 습지에서는 미생물과 식물의 반응이 일어나면서 오염 물질이 분해되고 제거된다. 인과 질소를 흡수하는 것이 대표적인 예로, 수처리를 목적으로 습지를 일부러 만들기도 하는데 이런 공학적 습지를 '인공 습지Constructed wetland'라고 부른다. 최근 들

* '추이대'로 번역하기도 한다.

어서는 습지의 탄소 저장 능력에 주목해서 기후변화 대응 기술과 관련된 연구도 활발히 진행되고 있다. 전술한 바와 같이 습지 토양에서의 유기물 분해 속도를 계산해보면, 습지, 특히 이탄습지는 긴 시간에 걸쳐 지구의 탄소 순환에서 중요한 탄소 저장처 역할을 담당해왔음을 알 수 있다. 이런 과학적인 연구 대상으로서만이 아니라 습지는 인간의 휴식처와 학생들의 자연 학습장으로서 중요한 생태계다.

　이런 중요성에도 불구하고 습지에 대한 과학적 연구는 매우 늦게 시작되었고, 아직도 알려지지 않은 부분이 많다. 습지의 과학적 정의는 '식물 성장기의 일정 기간 물에 잠겨 있고, 침수에 잘 견디는 식물종이 존재하며, 토양이 물에 고였을 때 나타나는 특징이 있는 지역'이다. 뭔가 동어 반복처럼 보이는 이 애매한 정의는 습지가 그만큼 불명확한 존재임을 말해준다. 정의가 불분명하니 그 경계도 모호하다. 일 년 내내 바짝 말라 있다가 비가 오는 우기에만 물에 잠기는 지역이 있는가 하면 물이 고이기 어려운 산꼭대기에 습지가 만들어지도 한다. 습지를 유형별로 구분하는 것은 더욱 힘든 일이지만, 분류해보자면 현재로서는 크게 담수의 영향을 받는 내륙습지와 해수의 영향을 받는 연안습지로 분류된다. 내륙습지는 크게 무기 토양으로 구성되어 상당한 깊이의 물이 항상 고여 있는 소택지Marsh형 습지와 유기 토양으로 구성되어 있고 습하지만 물에 푹 잠기지는 않는 이탄Peatland형 습지로 나누어볼 수 있다.

온대 지방의 물이 많은 지역에는 소택지형 습지가 발달한다. 우리나라의 강변 혹은 저수지에서 흔히 볼 수 있는 습지 형태로, 우포늪이 대표적이다. 가운데는 물이 꽤 깊게 고여 있고, 가장자리는 갈대, 줄, 부들 같은 식물들이 많이 자란다. 소택지에 관한 과학적 연구를 살펴보려면 미국 오하이오 주립대Ohio State University교수 윌리엄 미치William J. Mitsch를 언급하지 않을 수 없다. 그는 『습지Wetlands』라는 교과서를 집필했고, 당시 새로이 떠오르던 '생태공학Ecological Engineering'이라는 학문 분야를 학술적으로 정착시킨 것으로 습지 연구 분야에서 잘 알려진 학자이다. 그는 오하이오 주립대학 외곽에 인간의 콩팥 모양을 본뜬 한 쌍의 소택지형 습지를 조성하여 여러 가지 과학적 연구를 시작하고 있었는데, 당시 복원생태학자들 사이에서는 생태 복원을 할 때 식물을 굳이 심어줘야 할지 아니면 그냥 자연 그대로 놓아두는 것이 좋을지가 큰 논쟁거리 중 하나였다. 미치는 한쪽은 습지 식물을 식재하고 다른 쪽은 그냥 맨 흙으로 놓아둔 후 비교를 했는데 몇 년이 지나자 맨 흙에서도 식물들이 저절로 자랐다. 그는 식물을 심은 쪽이든 그렇지 않은 쪽이든 식물의 구성면에 있어서 비슷한 형태로 발달해 나간다는 이론을 정립했다. 이 연구팀은 장기적인 관측을 통해서 소택지형 습지가 다량의 질소와 인을 제거할 수 있다는 점도 보고했다. 미치의 연구 결과들을 바탕으로 개발된 인공 습지 건설과 오염 처리 방법은 오늘날 '생태공학'의 대표적인 기술로 자리 잡았다. 내가 연구하고 있는 분야는 이러한 소택지 내에서 질소를 기체로 방출하는 탈질 반응, 그리고 인이 토양에 흡착되거나 식물체에 흡수된 후 천천히 분해되는 이유와 메커니즘이다. 습지가 상당량의 탄소를 광합성으로 흡수할 수 있다는 점은 잘 알려진 사실이다. 이는 다시 말해 습지 식물들이 상당히 빠르게 자란다는 것을 의미한다. 여기서 발생하는 질문은 이렇게 식물이 빠르게 자라는데도 불구하고 왜 이로부터 발생하는 유기탄소가 습지에서 빨리 분해되지 않고 축적되는가이다. 필자는 미치 교수의 습지에서 연구를 수행한 결과, 이탄습지의 경우와 마찬가지로 물에 잠겨 있는 습지에서는 유기물을 분해하는 효소들의 활성도가 낮아지고 그로 인해서 탄소를 포함한 유기물 축적이 가능하다는 것을 밝혀냈다.

또 다른 대표적인 습지는 앞서 숲을 설명하며 언급하기도 한 이탄습지로, 날씨가 약간 쌀쌀하고 연중 비가 계속해서 오는 고위도 지방에서 흔히 발견된다. 영국을 포함한 북유럽, 시베리아, 캐나다, 미국 중북부 등에 넓게 분포하며, 우리나라와 같이 날씨가 상대적으로 따뜻한 지역에서는 높은 산에서 발견되기도 한다. 이탄습지는 늘 물이 고여 있고 날씨가 서늘하여 식물이 죽어도 잘 썩지 않는다. 이렇게 오랫동안 썩지 않은 식물 사체들이 땅속 수 미터에서 수십 미터씩 짙은 밤색으로 쌓인 물질을 '이탄'이라고 부른다. 이탄습지는 사람이 거의 살지 않고 농사도 지을 수 없는 경우가 대부분이라 오랫동안 아무 쓸모없는 땅으로 여겨졌다. 유럽의 많은 지역에서는 이탄을 캐서 연료로 사용하기도 했고, 이탄습지의 물을 빼서 농경지로 개간하기도 했다.

　그러나 최근 들어 이탄습지의 중요성이 새롭게 주목받고 있다. 바로 이탄이 어마어마한 양의 탄소를 보유하고 있다는 사실이 밝혀졌기 때문이다. 식물이 광합성을 하면 공기 중의 이산화탄소를 흡수한다. 하지만 식물이 죽거나 낙엽이 떨어지면 미생물이 이를 분해하므로 식물에 포함되어 있던 이산화탄소는 다시 공기 중으로 돌아간다. 그래도 젊은 생태계에서는 공기 중으로 돌아가는 이산화탄소보다 광합성으로 흡수되는 이산화탄소의 양이 조금 더 많아서 흙 속에 썩지 않은 유기물이 쌓인다. 그러나 생태계가 늙어가면 쌓인 유기물은 그대로 있으면서 광합성으로 흡수하는 이산화탄소와, 미생물의 분해로 인해 다시 공기로 배출하는 이산화탄소의 양이 거의 동일해진다. 이탄습지에서는 이런 균형이 깨져 있다. 즉 공기 중으로 방출하는 이산화탄소보다 흡수하는 이산화탄소가 더 많다. 낮은 온도 탓에 식물이 죽어도 분해가 되지 않고 이탄으로 쌓이는 것이다. 그 결과, 이탄습지는 전 지구적인 관점에서 장기간에 걸쳐 이산화탄소를 흡수하는 역할을 해왔다. 쉽게 말하면 먹다 남은 두부를 물에 담가 냉장고에 보관하는 것과 같은 이치이다. 온도가 낮고 산소 공급이 부족한 환경이라 미생물이 유기물을 분해하지 못하는 것이다. 그런 이유로 현재 이탄습지에서는 전 지구적 탄소 순환과 관련해서 많은 연구들이 진행되고 있다.

현재 기후변화 모델에 따르면 이탄습지가 많이 분포하고 있는 고위도 지방의 온도가 특히 많이 상승할 것이라 예상된다. 또한 앞서 말한 것처럼, 더운 열대 지방에도 이탄이 존재하는데, 이런 곳은 더욱 가물 것이라 예측되고 있다. 이렇게 되면 마치 물에 담가서 냉장고에 보관하던 두부를 밖으로 꺼내서 물을 버리면 금방 썩어버리는 것과 같은 상황이 일어나게 된다. 즉, 이탄습지에 저장되어 있던 유기물들이 미생물에 의해 분해되면서 이탄화탄소나 메탄과 같은 온난화 기체를 더 많이 발생시켜 기후변화를 가속화할 수 있다. 이러한 이유로 사람들이 많이 살지도 않는 툰드라 지방이나 유럽의 외딴 이탄습지에서 과학자들이 다양한 연구를 수행하고 있다. 주로 이탄습지의 유기물 분해 속도에 관여하는 요소가 무엇이고 그 요소가 어떻게 작용하는지와 관련된 내용이 많다. 최근 내가 참여한 연구는 이탄습지에 축적되는 '페놀릭phenolic'이라는 물질이 유기물 분해 속도를 더욱 늦춘다는 사실을 밝혀내기도 했다(Freeman et al., 2001). 이 연구를 더욱 발전시켜서 최근에는 페놀릭 분해에 산성비가 감소하는 것이 중요한 역할을 담당한다는 것도 우리 연구진이 밝혀냈다(Kang et al., 2018).

한편, 이탄습지에서 유기물의 분해 속도가 느려지는 것을 이용해서 기후변화 속도를 늦추는 공학적인 기술 개발도 시도되고 있다. 기초 과학으로 알아낸 내용을 토대로 생태계의 탄소 저장 능력을 향상시켜보려는 공학적인 시도를 하고 있는 것이다. 예를 들어, 탄소를 많이 포함하고 있지만 쉽게 분해가 되어버리는 물질들을 이탄습지에 묻어 보관하는 방법도 가능할 것이다. 생태계 안에 가능한 많은 양의 탄소를 저장해두는 것이 기후변화의 주범인 대기 중 이산화탄소를 줄이는 길이기 때문이다. 실제로 필자의 연구진은 현재에도 캐나다 라발Laval 대학의 린 로슈포르Line Rochefort 교수의 연구진과 함께 캐나다의 광활한 이탄습지에 페놀릭을 투입함으로써 페놀산화효소phenol oxidase를 억제해서 이탄습지 내에 탄소를 장기간 저장하는 생태 친화적인 기술을 개발하려고 노력 중이다. 오랫동안 버려진 땅으로 여겨진 이탄습지가 기후변화를 더욱 악화시키는 복수의 부메랑으로 돌아올 것인지, 아니면 기후변화를 완화하는 새로운 기술 개발의 장소가 될지는 결국 과학자들의 손에 달려 있는 셈이다.

내륙에서 바다로 이동하면 또 다른 형태의 습지를 만날 수 있다. 바로 바다와 육지가 만나는 염습지, 갯벌과 같은 연안 생태계다. 1장에서 소개했던 유진 오덤은 자신의 박사 학위 논문에서 왜 염습지의 생산성이 높은지, 쉽게 말하자면 왜 염습지의 식물들이 광합성을 많이 해서 단기간에 크게 자라는지를 에너지 측면에서 규명했다. 이전에도 염습지의 생산성이 높다는 것은 알려져 있었으나, 그는 에너지 분석을 통해서 조석이라고 하는 '보조 에너지'가 염습지의 생산성을 높이는 데 크게 관여한다는 점을 명확하게 밝혀냈다. 어떤 지역에 있는 식물의 생산성이 높다는 것은 역사적으로 그 지역에서 농경 활동이 활발했다는 것을 의미한다. 인구 수로 본 세계 10대 도시들 대부분이 바다에 접하고 있고, 전 세계 인구의 절반가량이 해안에서 150km 이내 거리에 산다는 사실은 우연이 아닌 것이다. 물론 식물의 생산성뿐 아니라 수산 자원을 얻을 수 있고, 공업과 농업에 필요한 자원은 물론 물류를 운반하기에도 해안 지역이 편리하기 때문이라는 이유도 있겠지만 말이다. 그런데, 이런 연안 생태계가 기후변화 영향 연구의 최전선이란 사실은 잘 알려져 있지 않다.

전 지구적 기후변화와 관련해 가장 중심이 되는 과학적 문건은 1장에서 언급한 IPCC 보고서이다. 기후변화에 대한 큰 그림은 크게 바뀐 것이 없지만, 처음의 보고서와 최근 보고서의 가장 큰 차이 중 하나로 '해수면 상승'을 꼽을 수 있다. 2000년대 초반만 해도 육상의 빙하가 녹고 바닷물이 열팽창하여 해수면 상승으로 이어진다는 것이 과장된 위협이라고 주장하는 사람들도 꽤 있었다. 하지만 지난 100여 년간 평균적으로 전 세계 바닷물의 높이가 20cm가량 올라갔고, 우리나라의 해수면도 매년 4mm씩 상승하고 있다는 것은 이제 부정할 수 없는 사실이다. 이렇게 바닷물이 상승하면 여러 가지 피해가 발생할 수 있다. 바닷물이 들어오니 연안의 지반이 내려앉을 수도 있고, 바닷물의 유입으로 지하수를 더 이상 식수나 농업용수로 사용하지 못할 수도 있다. 무엇보다도 연안의 도시나 농경지가 바닷물에 침수될 가능성이 높아진다.

그런데 연안을 연구하는 생태학자들은 최근 들어 아주 흥미로운 과학적 발견들을 새롭게 보고하고 있다. 바닷물이 상승하면 그냥 물에 잠겨버릴 줄 알았던 연안의 생태계가 스스로 지면의 높이를 높이는 것이다. 연안에는 소금기를 견딜 수 있는 갈대나 호화미초와 같은 식물들이 자라면서 땅속에 식물 뿌리가 쌓이고, 땅 위에도 유기물이 축적된다. 또 이런 지역에는 강을 통해 유입된 작은 토양 입자들도 조금씩 쌓인다. 그 결과 연안습지는 천천히 상승하게 된다. 미국이나 유럽에서 측정된 자료를 보면 연안의 습지들이 실제로 매년 2~10mm정도씩 높아지는 것이 보고되었다. 이 정도면 기후변화 때문에 상승하는 해수면을 상쇄할 수 있는 값이다. 실제로 미국 샌프란시스코 만에서는 높아지는 해수면에 대응하기 위한 방법으로 '수평제방'이라는 새로운 형태의 제방을 고려하고 있다. 이는 일반 제방처럼 높은 수직의 콘크리트 벽을 만드는 대신, 넓은 지역에 수평적인 생태계 복원을 통해서 해수면 상승에 대응하려는 기술이다.

하지만 연안의 생태계가 이렇게 스스로 치유할 수 있는 능력을 발휘하려면 두 가지 전제 조건이 만족되어야 한다. 먼저 식물들이 제대로 자랄 수 있는 바닷가 습지가 존재해야 하며, 둘째로는 강을 통해서 토양 입자들이 바다로 계속 유입되어야 한다. 그런데 황해를 연하고 있는 한국이나 중국 모두 이 치유 능력을 엉망으로 만들고 있다. 양국 모두 강에다 첩첩의 댐을 만들어서 황해로 유입되는 토양 입자의 양을 계속 줄이고 있고, 연안 대부분을 매립하여 습지들을 파괴해버린 것이다. 자연의 치유 능력을 모두 없애버린 후 이제는 다시 해수면 상승에 대응해서 여러 가지 구조물을 만들고 있다. 중국에서는 '바다 만리장성'이라 불리는 대규모 방조제 사업을 벌이고 있다. 그러나 명나라의 만리장성이 몽골의 침입을 막아내지 못했듯, 이런 구조물이 해수면 상승을 성공적으로 막아낼 리 만무하다. 해수면 상승과 같은 엄청난 규모의 자연 변화는 결국 자연의 힘을 이용해서 대응하는 것이 최선이다. 건설 비용도 줄일 수 있을 뿐 아니라 생물다양성을 보존하거나 좋은 휴양지를 얻을 수 있는 부수적인 효과도 있기 때문이다.

해수면 상승만이 아니라 연안습지가 파괴되는 것 자체도 매우 심각한 환경 문제 중 하나다. 우리나라에서도 1970년대에 활발히 진행되었듯이, 국토가 좁은 나라들에서는 연안습지의

매립하는 간척사업이 대표적인 국토 개발 사업이다. 최근 들어
서는 연안습지의 중요성이 널리 알려지면서 이런 사업들이 예
전처럼 널리 진행되고 있지는 않지만 연안습지를 위협하는 요
인은 여전히 증가하고 있다. 대표적인 예가 새우 양식이다. 내
가 어렸을 때만 해도 새우튀김은 비싼 요리였다. 그렇지만 이제
는 시장에 가면 만원이면 10마리도 넘는 새우를 쉽게 살 수 있
고, 새우튀김은 길거리 음식으로 싼 값에 팔리고 있다. 이런 변
화가 일어난 이유는 동남아시아의 많은 국가들이 바닷가에서
'대하Tiger prwan'와 같은 새우의 양식을 대규모로 시작했기 때문
이다. 베트남 등의 바닷가에 가면 새우 양식장이 대규모로 만들
어져서 지역 경제에 큰 역할을 담당하고 있다. 그 덕에 우리나
라와 같은 곳에서는 새우를 싼 값에 먹을 수 있게 되었지만 그
대가는 아주 크다. 바닷가에 논과 같은 모양의 양식장을 만들어
서 새우를 키우는데 이들에게 먹이를 주고 키우면 새우가 자라
는 물속은 새우의 배설물과 먹지 않은 먹이들이 쌓이면서 수질
이 매우 나빠진다. 영세한 양식업자들은 이 물을 처리하지 않고
그냥 바다로 배출해서 동남아 연안의 수질이 점점 나빠지는 악
순환이 일어나고 있다. 그나마 수질 악화는 눈에 보이기 때문에
사람들의 관심을 끌기라도 하지만, 양식장에서 방출되는 온난
화 기체의 양이 얼마나 되고 기후변화에 어떤 영향을 미칠지에
대해서는 아직 제대로 된 연구조차 없는 실정이다.

사막

주제를 바꾸어서 습지와 대조되는 아주 건조한 지역을 살펴보자. 끝없이 펼쳐진 모래사장으로 구성된 사막과 바닷물이 들락날락거리는 바닷가의 습지는 겉보기에는 너무도 다른 생태계다. 한쪽은 일 년 내내 물이라고는 구경하기도 어렵지만 다른 쪽은 사시사철 물로 넘쳐나기 때문이다. 그런데 정 반대처럼 보이는 두 생태계에 사는 식물들은 비슷한 어려움을 겪고 있다. 사막에 사는 식물들은 하루 종일 내리쬐는 뜨거운 햇볕과 얼마 내리지 않는 비 때문에 항상 가문 환경을 견뎌내야 한다. 바닷가에 사는 식물 주위는 온통 물 천지지만, 소금물이라서 오히려 식물체에 있는 물이 밖으로 빠져나가게 되므로 결국은 매우 건조한 환경에 노출된 것과 마찬가지이다. 겉모습과 달리 실제로는 두 생태계 모두 물이 극단적으로 부족하다는 특성을 가지고 있는 셈이다. 여기에 사는 식물들도 다른 일반 식물들과 마찬가지로 광합성 활동을 해야 한다. 하지만 다른 식물들처럼 햇빛이 쨍쨍 내리쬐는 한낮에 이산화탄소를 얻기 위해 기공을 열어놓으면 물이 모두 증발해서 날아가버린다. 보통의 식물들은 이렇게 물을 잃어버려도 땅속에 있는 물을 빨아들여서 문제를 해결한다. 그러나 사막이나 바닷가에 사는 식물에게 한낮에 기공을 열어 광합성을 하는 것은 자살 행위나 마찬가지이다. 자신에게 필요한 에너지 물질을 만들어야 하는 건 사실이지만 그러다 귀중한 물을 잃어버리게 된다면 더 위험한 일이기 때문이다. 진화의 과정에서 이런 곳에 사는 식물들은 독특한 방법을 발전시켰다. 사막에 사는 선인장과 같은 식물은 'CAM'*이라 부르는 독특한 광합성 방법을 사용한다. 물이 증발하지 않는 밤중에 기공을 열어 이산화탄소를 몸속에 잔뜩 머금었다가 일반적인 식물이 기공을 활짝 여는 한낮에는 거꾸로 문을 꼭꼭 걸어 잠그고 밤 동안에 미리 흡수해 둔 이산화탄소로 광합성을 하는 식이다. 배구에 빗대어 말하자면 시간차 공격을 하는 것이다. 바닷가 습

---

* Crassulacea Acid Metabolism의 약자로 밤에 이산화탄소를 흡수해서 말산Malic acid 형태로 보관하다가 낮에 여기서 탄산이온을 떼어내어 광합성을 하는 방법이다. 이렇게 하면 낮에 이산화탄소 흡수를 위해서 기공을 열어야 할 필요가 없어서 물의 증발을 막아낼 수 있는 장점이 있다.

지에 사는 식물은 'C4'라고 부르는 또 다른 광합성 방법을 사용한다. 기공을 거의 닫은 상태에서 조금씩 들어오는 이산화탄소를 가두어두기 위한 또 하나의 세포층을 만드는 방식의 광합성이다. 보통 식물과 달리 기공을 거의 닫아서 물의 증발은 막으면서도 이산화탄소만 선별해서 저장하는 공간을 따로 가지고 있는 것이다. 배구의 기술에 또 한번 비유하자면 이동 공격을 하는 것과 마찬가지다.

사막 생태계는 또 하나의 극한 생태계이다. 사막은 식물이 많이 자라지 않으니 광합성 작용도 작고 탄소 순환에 별 영향을 미치지 않는다고 알려져 있었다. 하지만 최근에는 사막 생태계를 둘러싸고 흥미로운 논쟁이 진행 중이다. 특정 생태계에서 이산화탄소 배출량이 더 많은지, 흡수량이 더 많은지 알아보기 위해서 'Flux tower'라고 부르는 탑을 세우고 여기에 센서를 설치한 후 '에디공분산 방법'이라 부르는 미기상학적인 방법으로 이산화탄소량을 측정하는 기술이 있다. 중국의 사막에서 이 방법으로 연구를 진행했는데, 예상 밖으로 사막 생태계가 상당량의 탄소를 흡수하고 있다는 결과가 발표되었다. 측정 자체가 잘못되었다는 반론에서부터 시작해서, 사막 지하로 흐르는 물에 이산화탄소가 탄산염으로 녹아 들어간다는 가설, 그리고 사막 가장자리에서 자라는 작은 식물들이 상당량의 탄소를 광합성으로 흡수할 수 있다는 주장까지 여러 가지 논쟁이 진행 중이다.

　　나는 우연히 튀니지의 과학자 한 명과 공동으로 사헬 사막을 연구하게 되면서 사막 토양의 미생물에 대한 흥미로운 결과를 얻기도 했다. 바로 사막에서는 미생물의 수직 분포가 다른 지역과 아주 다르게 나타난다는 점이다. 보통 우리나라와 같은 중위도는 토양 표면 쪽이 미생물 양이나 활성도가 크고, 깊은 토양으로 들어갈수록 줄어드는 경향을 보인다. 왜냐하면 표층에 가까울수록 낙엽과 같은 미생물의 먹이가 많고 공기나 수분도 적절하기 때문이다. 그런데 사막은 이와 정반대 경향이 나타난다. 표면은 너무 건조하고 뜨거우니 오히려 표면 밑으로 수십 센티미터 들어가야 미생물의 양과 활성도가 증가한다. 이렇게 독특한 사막 지역에서도 농업 생산성을 증가시키고 사막 면적이 넓어지는 것을 막기 위해 어떻게든 식물이 잘 자라도록 갖은 노력을 하고 있다. 사막에서는 아무 식물이나 쉽게 자랄 수 없기 때문에 처음에는 건조하고 혹독한 환경을 견디는 이끼나 시아노 박테리아 등이 표면에 자라게끔 한다. 이것들이 나중에 식물이 잘 살 수 있는 환경을 조성하는 것으로 알려져 있는데, 우리 연구진은 이들이 토양의 미생물에 어떤 영향을 미치는지 알아보는 연구를 수행하고 있다. 그 일환으로 최근 들어서는 사막 지역에 농업이 가능하게 하기 위해서 바이오차르Biochar라는 일종의 숯과 같은 물질을 사막 토양에 투입하면 토양의 미생물과 화학적 환경에 어떤 영향을 미치는지 알아보려는 연구에 착수

했다.

　넓은 사막이 위치한 미국, 중국 내륙, 그리고 중동 지역에서 사막과 관련된 여러 가지 연구가 진행 중이지만, 다른 생태계에 비하면 정보가 매우 빈약한 상태다. 하지만 다가올 미래에 대비하기 위해서라도 사막 연구는 활발하게 이루어져야 한다. 사막을 연구하는 게 미래와 어떤 연관이 있을까? 우선, 기후변화와 인간들의 개발로 인해서 가뭄이 심해지고 사막화가 진행되는 지역이 상당히 넓어지고 있다. 우리나라는 사막이 없지만, 중국 내륙의 사막화는 우리에게 상당한 영향을 미친다. 요즘은 미세먼지 문제에 가려 대중의 관심이 많이 줄어들었지만 중국의 사막화는 우리나라에 도달하는 황사의 양을 크게 증대시키는 원인이다. 또 북한의 경우에는 산림의 파괴로 인해서 민둥산의 면적이 상당한 것으로 알려져 있는데, 사막에서 얻어진 과학적 자료는 향후 북한의 녹화 사업에 활용할 수 있을 것이다.

　사막에 대한 연구는 외계 생물을 연구하는 분야, 소위 '우주생물학Astrobiology'에서도 중요하게 이용될 수 있다. 사막은 낮과 밤의 일교차가 엄청나게 클 뿐 아니라 낮에는 많은 양의 자외선이 내려쬐고, 수분과 유기물의 함량은 극소량이기 때문에 외부 행성의 환경을 모사하기에 적절한 조건이다. 실제로 화성에 대한 연구와 관련해서 지구에서 수행되는 많은 연구들은 사막에서 진행되었다. 영화 〈마션〉의 개봉과 함께 지난 몇 년간 화성에 대한 대중들의 관심이 높아졌다. 그 중에서도 화성에 생물체가 살고 있는지 여부는 사람들의 단골 관심사로 상상력을 자극해왔다. 그 상상력은 문어처럼 생긴 외계 생물체가 지구를 침공하고 인간이 이를 격퇴하는 이야기를 만들어낸다. 그러나 현실은 이와 완전히 다르다. 화성에서 소금물이 발견되었지만, 화성에 고유한 생물체가 살고 있을 가능성은 거의 없다. 일단 소금물에는 세균도 살기가 어렵다. 소금 양치질을 하면 충치가 예방되는 이유다. 또 화성 대기 중에는 산소의 농도도 너무 낮을 뿐 아니라, 식물이 광합성을 할 이산화탄소도 너무 적다. 더 결정적인 이유는 생물이 살아가는 데 필요한 유기물이 거의 없기 때문이다. 앞에서 언급했듯 〈마션〉의 주인공도 화성에서 감자를 키우기 위해 토양에 인간의 분변을 섞어준다. 그러니 이론적으로는 문어처럼 생긴 동물은커녕 지구상에서 발견된 대부분의 세균들도 화성에서 살아갈 수 없다.

하지만 『미국국립과학원회보PNAS』에 발표된 '화성에서 살 수도 있는' 미생물에 대한 논문은 하나의 가능성을 보여준다 (King, 2015). 이 논문에 따르면 지구상에 존재하는 미생물들 중에는 아주 독특한 방식으로 자신에게 필요한 에너지를 얻는 종류가 있기 때문이다. 인간을 포함한 보통의 생물들은 유기물을 태워서 에너지를 얻는다. 우리가 밥을 매일 먹어야 하는 이유다. 그렇지만 이 논문에서는 화산 부근이나 소금이 잔뜩 쌓여 있는 지역에서 일산화탄소^{CO}를 태워서 에너지를 얻는 미생물이 새로이 보고되었다. 이들이 생존할 수 있는 환경 조건을 조사해 보니 혹독한 화성에서도 번성이 가능하다는 것이 밝혀졌다. 물론 이런 발견이 화성에 생물체가 존재할 것이라는 것을 직접적으로 의미하지는 않는다. 이 연구의 중요성은 우리가 장래에 화성에 인간이 살 수 있는 조건을 만들 때 이 미생물을 이용할 수 있다는 점에 있다. 외부와 차단된 캡슐 안에서 지구로부터 운송된 자원으로 생존하는 데에는 한계가 있다. 장기적으로 '지속 가능한' 정주가 가능하려면 화성의 대기와 환경을 바꾸어야 한다. 이를 위해서 먼저 화성의 자연 상태에서 생존할 수 있는 미생물을 접종하여 유기물을 축적시켜야 하고, 광합성을 하는 미생물을 점차적으로 이식하여 대기에 산소를 만들어야 한다. 이렇게 지구가 아닌 어떤 환경을 생물체가 살기 적합하도록 만드는 과정을 '테라포밍Terraforming'이라 한다. 이 과정은 아주 천천히 그리고 조심스럽게 진행되어야 하고 아직 알려진 정보도 많지 않기 때문에 지금은 공상과학 소설처럼 들릴 수도 있다. 그렇지만 100년 후에는 지구의 극한 지역에서 발견된 미생물들을 활용해서 화성 위에서 테라포밍 프로젝트가 시작될지도 모른다. 나는 지금 태평양을 건너서 지구 반대편으로 날아가고 있는 중에 이 글을 쓰고 있다. 110여 년 전 라이트 형제의 비행기가 12초 동안 공중에 잠시 떠 있었을 때 누가 이런 장거리 비행이 가능할거라고 상상이나 했겠는가? 오늘도 극한 지역에 사는 미생물에 대한 연구는 계속 진행되고 있다. 일 년 내내 얼어붙어 있는 북극의 땅속에서, 마그마가 끓어오르고 있는 깊은 바닷속 열구에서, 몇 년 동안 비 한 방울 내리지 않는 소금 사막에서 발견되는 희한한 미생물들이 어쩌면 수백 년 후의 인간들에게 제 2의 고향을 만들어주는 열쇠가 될지도 모르는 일이다.

북극

한대 지방에서 좀 더 북쪽으로 올라가면 북반구에서는 북극에 도달하게 된다. 사람들은 북극 하면 막연하게 곰이나 에스키모(잘못된 표현으로 정확한 명칭은 '이누이트'이다)의 얼음집을 떠올린다. 이처럼 북극은 우리나라와 별 관계가 없어 보일지도 모르지만, 우리나라는 북극의 주요 문제를 논의하는 '북극 이사회Arctic Council'의 '정식 옵서버Observer' 자격을 가지고 북극의 여러 문제에 관여할 수 있는 몇 국가 중 하나이다. 아시아에서 벗어나 선진국들의 각축장인 북극 오지에까지 우리의 영향력을 확대할 수 있게 된 건 기쁜 일임에 틀림없다. 북극은 알려진 대로 석유와 천연가스가 상당량 묻혀 있고 북극해 항로를 개발할 수 있으며 유럽, 북미, 아시아를 관통하는 군사적 요충지라는 점 때문에 중요한 지역으로 여겨진다. 하지만 과학자들, 특히 생태계 연구자들에게 북극은 엄청난 양의 탄소를 보유하고 있는 저장처로, 미개척의 연구지이자 기후변화의 시금석으로서 사람들이 생각하는 것보다 훨씬 더 중요한 생태계다.

큰 나무도 자랄 수 없고, 사시사철 눈으로 뒤덮여 있을 것 같은 북극이 어떻게 생태계의 탄소 순환에서 중요한 역할을 담당하는 것일까? 북극 지역 중에서도 2년 이상 연속으로 토양의 평균 온도가 0도 이하로 내려가는 지역을 영구동토층Permafrost 라고 부른다. 이런 지역이 지구 육상 면적의 15%가량 되는 것으로 알려져 있다. 이 지역조차도 여름 두세 달 정도는 표면 부근이 녹아서 식물이 자랄 수 있는데, 이렇게 녹는 표층을 활성층Active layer이라고 한다. 여름에 영구동토층에 가보면 마치 한대나 온대 지방처럼 넓은 초지가 펼쳐져 있지만, 실제로 흙을 파보면 수십 센티미터 내려가지 않아 단단히 얼어 있는 얼음층을 만나게 된다. 활성층 표면에 자라는 식물은 여느 식물과 같이 광합성을 하지만 짧은 여름이 지나면 모두 죽어서 땅에 묻힌다. 그리고 9개월에 가까운 나머지 기간 동안 이 지역은 다시 얼음과 눈으로 덮인, 우리가 흔히 생각하는 북극의 모습이 되는 것이다. 오랜 시간 동안 다른 지역과 달리 죽은 식물이 제대로 분해되지 않고 유기물 덩어리 형태로 땅에 차곡차곡 쌓이다 보니, 북극의 땅속에는 엄청난 양의 유기탄소가 축적되어 있다. 열대우림에서는 대부분의 탄소가 식물체 안에 존재하는 것과 달리, 북극에는 지상에 있는 식물이 얼마 없기에 대부분은 토양 내에 썩지 않은 유기물로 쌓여 있다. 북극 지역은 접근성이 떨어져 장기적인 연구가 어렵기 때문에 다른 지역에 비해 정확한 자료가 부족하지만, 현재 과학자들이 추정하기로는 북극에 대략 1,500Pg 이상의 탄소가 묻혀 있는 것으로 추정된다. 이 양은 매년 인간이 화석 연료를 태우고 산림을 파괴해서 배출하는 이산화탄소 양의 100배 이상 되는 엄청난 양이다.

　문제는 이렇게 다량으로 오랫동안 저장되어 있던 탄소의 안정성을 흔드는 일이 생기고 있다는 점이다. 바로 기후변화이다. 지난 세기의 자료를 보면 지구의 여러 지역 중 온도가 가장 많이 상승한 곳은 북극이다. 또한 향후 100년 내에 우리나라의 평균 온도가 2도 정도 오른다고 예상되는 데 비해 북극은 6~7도 이상 증가할 것으로 예상된다. 북극의 온도가 상승하면서 빙하의 면적은 점점 줄어들고 있고, 몇몇 지역은 역대급으로 더운 여름을 겪고 있다. 평균 온도가 오르면 땅속의 미생물의 활성도가 더 높아지고 녹아 있던 탄소 유기물이 분해되면서 이산화탄소나 메탄과 같은 온난화 기체가 다량으로 배출될 가능성이 있다. 이러한 현상은 십여 년 전만 해도 예측일 뿐이었으나, 이제는 현실로 나타나고 있다. 게다가 온도 상승으로 북극 땅을 덮은 하얀 얼음의 면적이 줄어들면 태양빛이 반사되는 정도가 줄어들고 더 많은 열이 흡수되어 온도 상승이 가속화되는 악순환이 일어날 것이다.

필자는 현재 진행하는 연구를 통해 최근에 빙하가 녹아서 노출된 흙과 이미 오래전에 노출된 흙에 서식하는 미생물들이 어떻게 다른지를 비교해 앞으로 빙하가 녹아 대지가 드러나면 어떤 일들이 벌어질지 미리 예측해보려 하고 있다. 이런 예측에는 아직도 불확실한 부분이 많이 있다. 예를 들어 어떤 지역은 얼었던 땅이 녹으면서 물이 고여 '써모카르스트Thermokarst'라는 작은 호수 같은 것들이 만들어지는데, 이렇게 되면 많은 양의 메탄이 만들어져서 대기로 배출될 가능성이 있다. 반면 건조한 토양에서는 온도가 상승하면 오히려 메탄을 산화하는 미생물의 활성이 증가하여 대기 중의 메탄을 제거할 수 있을 것이라는 연구도 최근 들어 관심을 끌고 있다. 다량의 유기탄소가 쌓여 있고, 온도가 상승하고 있지만 얼마나 많은 온난화 기체가 어떤 이유로 방출될지 아직 불명확한 부분이 많다는 말이다. 북극 생태계의 연구가 계속되어야 할 이유이다.

탄소 순환 이외에도 북극의 융해를 둘러싼 또 다른 화젯거리가 있으니, 바로 병원성 미생물이 배출될 가능성이다. 2016년 여름 시베리아 야말Yamal 지역에서는 이상한 일이 벌어졌다. 수천 마리에 달하는 순록들이 갑자기 떼죽음을 당한 것이다. 특히 순록 사체 사진들이 인터넷에 돌면서 온갖 이상한 음모론이 떠돌기도 했다. 나중에 탄저병 때문이라는 것이 알려졌는데, 이

때는 이미 어린아이 한 명이 사망하고 지역 주민 수십 명도 병원에 입원한 후였다. 탄저병은 인류에게는 이미 사라진 질병으로 알려져 있지만, 시베리아 순록들 사이에서는 최근까지도 존재하던 질병이다. 영구동토층이 융해되며 땅속에 묻혀 있던 순록 시체에서 탄저병이 다시 퍼진 것으로 추정된다. 이 일을 계기로 영구동토층에 언 채로 갇혀 있던 오래전의 질병균들이 외부로 노출되고 사람에게도 전달되는 건 아닌지 염려가 커지고 있다. 예를 들어, 천연두의 경우 1978년 영국 실험실에서 실수로 감염된 사건을 마지막으로 인간에게 감염된 사례는 보고된 바가 없어서 이미 박멸된 것으로 알려져 있다. 그런데 만일 오래전 천연두로 사망해서 땅속에 묻혀 얼어 있던 사체가 동토층이 융해되며 외부로 노출될 수도 있지 않을까 하는 것이다. 실제로 일군의 학자들은 동토층에 묻힌 사체에서 천연두를 일으키는 바리올라Variola 바이러스 DNA의 일부 조각을 발견하기도 했다.

'슈퍼 바이러스'와 항생제 내성 세균도 북극과 관련해 관심을 끄는 연구 영역이다. 시베리아, 티베트 빙하 동굴 등에서 실제로 세균만큼이나 큰 바이러스들이 발견되기도 했다. 대중들에게 잘못 알려진 사실 중 하나는 항생제 내성 세균이 우리가 항생제를 사용하면서부터 나타났다는 것이다. 항생제 물질 자체가 대부분 원래 있던 자연 물질을 조금 변형한 형태로 개발된 것이기 때문에 이미 오래전부터 자연에는 항생제 물질에 저항성을 가진 세균들이 존재하고 있었다. 다만 인간이 항생제를 개발하고 본격적으로 사용함에 따라 고농도의 항생제에 노출된 많은 미생물들 중 일부가 선택적으로 살아남아서 이전보다 더 많이 존재하게 된 것 뿐이다. 최근에 병원성 미생물이 노출될 가능성과 함께 빙하 속에 갇혀 있던 이런 오래된 항생제 내성 세균들이 세상으로 나올 가능성도 연구되고 있다. 영구동토층에서 항생제 내성 세균이 나온다면 인간뿐 아니라 생태계에 미칠 영향도 무시할 수 없다. 북극의 기후변화로 냉대 지방에 서식하는 바다표범 종들과 한대에 서식하는 종들의 접촉이 많아지고 있다. 그 결과 북극의 바다표범에게만 나타나던 질병들이 점점 냉대와 한대를 거쳐 인간이 정주하는 온대 지방의 해양 생물에게서도 관찰되고 있다.

물론 이런 우려들이 당장 현실이 되어 큰 문제를 일으킬 가능성은 높지 않다. 지금까지 보고된 것들은 대부분 학술 수준에서 진행된 연구고, 대규모로 병원균이 외부로 노출되었다는 증거는 없다. 앞서 말한 시베리아의 탄저병도 지난 수십 년 동안 순록들 사이에서는 가끔 나타나는 현상이었다. 원래 시베리아 지방 정부에서는 주기적으로 순록들에게 백신을 주사해서 이 질병의 확산을 막았는데, 최근에 탄저병 발병이 줄어들자 백신 주사도 중단한 것이 갑작스러운 확산의 원인이라는 주장도 상당히 근거가 있는 말이다. 그럼에도 불구하고, 지금 경험하고 있는 코로나 바이러스처럼 우리가 예상도 못한 원인으로 큰 질병이 시작될 가능성은 항상 내재되어 있다. 북극권에서 병원균을 중심으로 토양에 쌓여 있는 미생물들을 계속해서 연구하고 보고해야 하는 중요한 이유 중 하나다.

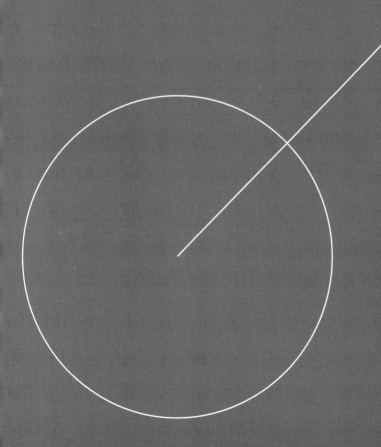

제 5 장

생태계 속의 인간:
생태계의 이용과 회복

전통적으로 생태계 연구자들은 사람이 없는 곳에서 연구를 해왔다. 다큐멘터리에서 흔히 볼 수 있는 바와 같이, 기린이 한가로이 풀을 뜯고 울창한 밀림 속 오랑우탄 무리가 어슬렁거리거나, 얼음 위의 펭귄이 종종걸음으로 이동하는 지역이 고전적인 의미에서의 생태학 연구의 대상이다. 물론 인간들이 가끔 등장하기도 하지만 이들은 밀렵꾼이거나 화전민이기 일쑤고 생태계의 자연스러운 현상을 방해하는 요소로 여겨진다. 생태계 연구 초기에는 인간의 간섭이 없는 것이 생태계 연구의 이상적인 상황이었고, 인간은 수많은 구성원 중 하나거나 아예 무시해야 할 대상으로 생각되었다. 하지만 이제는 인간의 이기심과 영향력이 너무 크기 때문에 인간을 배제하고는 생태계의 동태를 정확히 이해할 수도 없거니와, 인간으로 인해 벌어진 일들을 해결할 수도 없다.

오늘날에는 사람이 없는 깨끗하고 순수한 자연을 의미하는 생태계 개념을 넘어서, 인간이 한 구성 요소로 작동하는 생태계 연구도 활발히 진행되고 있다. 생태계도 생물과 환경의 총체라는 개념을 넘어 '생물 – 인간 – 환경'의 세 축으로 이해해야만 하는 때가 도래한 것이다. 이 장에서는 생태계에서 벌어지고 있는 많은 현상들에 인간들이 어떤 영향을 미치고 있는지 알아보고, 동시에 이 영향을 줄이거나 이미 저지른 일들을 어떻게 수습할 수 있을지에 대해 생태계 연구자들이 제시하는 방안을 살펴보고자 한다.

인류세Anthropocene를 둘러싼 논란

우리가 우리 역사에서 고조선시대, 삼한시대, 삼국시대, 고려시대, 조선시대와 같이 시대 구분을 하듯, 지구도 처음 탄생한 때부터 지금까지 여러 가지 이름으로 시대를 구분하고 있다. 현재 우리가 살고 있는 시기를 전문 용어로는 '신생대 제 4기 충적세'라고 한다. 이러한 지질학적 시대 구분은 땅속에 나타나는 지층 암석의 큰 차이나 화석들의 변화에 근거한다. 화석들이 다르다는 것은 그 시기의 환경이 아주 달랐다는 것을 의미한다.

그런데 최근 들어서 충적세와 구분되는 새로운 지질 시대를 정해야 한다는 주장이 나오고 있다. 바로 '인류세Anthropocene'이다. 인간이 암석을 변화시킨 것도 아니고 새로운 화석을 만든 것도 아닌데 왜 이런 주장이 나올까? 인류세라는 새로운 지질 시대 구분이 필요하다고 주장하는 사람들은 인간의 활동으로 인해서 퇴적층에 뚜렷한 변화가 생겼고, 생물종의 멸종으로 화석들도 큰 변화가 있을 것이며, 이전에는 없던 새로운 물질들이 나타나고, 기후변화까지 생겼다는 것을 그 근거로 들고 있다. 사실 이 단어는 몇몇 과학자들 사이에서만 심각하지 않게 논의되던 단어였지만, 대기 중에 있는 오존층이 파괴되는 것을 처음 발견한 공로로 노벨 화학상을 수상했던 파울 크뤼첸Paul Crutzen을 통해서 세상에 널리 알려지게 되었다. 크뤼첸은 기후변화를 일으키는 것을 포함해서 인간이 지구의 환경을 광범위하게 급격히 변화시키고 있다며 '인류세'라는 단어를 여러 강연과 매체에서 소개했다.

그렇다면, 새로운 지질 시대 구분까지 해야 할 정도의 인간 활동이란 도대체 무엇일까? 크게 두 가지를 들 수 있는데, 그 중 첫 번째는 12,000년 전에 있었던 '농업 혁명'이다. 다른 생물들과 달리 인간이 농사를 짓기 시작하면서 숲이 파괴되고 땅에 저장되어 있던 탄소들이 방출되었으며, 많은 동물들이 사냥을 당하거나 서식지가 파괴되어 멸종했다. 이뿐만 아니라 농업의 시작과 함께 발달한 문명은 잘 알다시피 지구 환경에도 큰 변화를 일으켰다. 두 번째는 1945년 무렵부터 인간이 시작한 핵폭탄 실험이다. 이로 인해서 대기 중 방사능의 농도가 자연 상태와 달리 비정상적으로 높은 수치를 보이게 되었다. 이것이 식물이나 육상의 흙을 통해서 전달되고 저장되면서 결국에는 지층에도 그 흔적이 남게 되었다. 특히 반감기가 아주 긴 방사성 물질의 경우 지질학적인 시간이 흘러도 그 자취가 남기 때문에 수천 년 아니 수만 년 후에도 인간 활동의 흔적이 남을 것이라는 주장이 많다.

이 두 가지 변화 외에 제2차 세계대전 이후를 하나의 분기점으로 보자는 주장도 있다. 이 시기를 '대가속기Great acceleration'라고 하는데 다른 말로 표현하자면 인류의 폭주 시기라고도 할 수 있다. 제2차 세계대전을 전후로 인간의 활동 범위와 그 영향력은 급격한 변화를 맞았다. 20억 명 남짓하던 인구는 이 시기를 기점으로 빠른 속도로 증가해서 현재는 70억 명을 돌파하고 80억 명을 향해 가고 있다. 이에 따라 경제도 가파르게 성장해서 GDP나 에너지 소비량도 엄청난 속도로 증가했다. 이전에 인간의 교류는 가까운 지역에서만 일어났지만 제2차 세계대전 이후 수출, 수입이나 외국 자본의 투자와 같은 국제적인 경제 활동이 본격적으로 등장했다. 이런 변화는 우리의 수명을 늘리고, 우리가 더 윤택한 삶을 살게 해주었는지는 몰라도 지구 환경에는 큰 재앙을 가져왔다. 전 세계의 댐의 숫자는 5배 이상 늘어났고, 인간이 사용하는 물의 양도 4배 이상 증가했다. 또 이전에는 거의 사용되지 않던 화학 비료가 전 세계로 널리 퍼지게 되었으며 아주 소수만이 누리던 해외여행, 자동차 사용, 전기의 사용이 거의 모든 사람이 향유하는 일상이 되어버렸다. 점점 더 많은 사람들이 도시에 모여서 살게 되며 우리나라의 경우 인구의 90% 이상이 도시에 살고 있고, 전 세계적으로도 60% 이상의 인류가 도시에 거주하고 있다.

이런 사회적 경제적 변화는 환경에 어떤 영향을 미쳤을까? 지구에는 앞에서 살펴본 바와 같이 대략 8백70만 종 정도가 있는 것으로 추정되는데, 이들 중 하나에 지나지 않는 인간이 전체 생물이 이용하는 수자원과 질소고정량의 절반 이상을 자신만을 위해서 사용하고 있다. 또 인간이 어업 활동으로 먹어치우는 물고기는 바다에서 다른 생물에게 잡아먹히는 물고기 전체의 70%에 달하며, 지표면 식생의 파괴, 외래종의 전파, 여러 종류의 새 멸종은 물론 이젠 지구 대기 중 기체 조성에까지 변화를 가져오는 등 거의 모든 환경 변화에서 타의 추종을 불허하는 독점적 역할을 수행하고 있다. 이렇다 보니, 선진국이든 개발 도상국이든 여러 가지 방법으로 지구의 환경에 악영향을 미치고 있다. 열대 부근에 위치한, 우리가 흔히 개발 도상국이라 하는 나라들은 목재를 팔아서 돈을 벌고 농경지와 도시를 더 개발하기 위해서 산림에 불을 지르고 나무를 잘라낸다. 경제가 빠르게 발전하고 있는 나라에서는 공장이나 가정에서 나오는 폐수를 강과 하천으로 내보내서 수질 오염 문제가 심각하게 나타난다. 그 결과, 대규모의 멸종 현상이 전 세계적으로 나타나고 있다. 물론 생물의 멸종은 인간의 영향이 없어도 일어나는 자연 현상이기는 하지만 인간 활동 때문에 이 속도가 대략 천 배에서 만 배가량 증가했다고 알려져 있다. 소위 말하는 선진국이라고 예외는 아닌데, 셀 수도 없을 만큼 많은 수의 새로운 화학 물질 이 자연에 배출되어 흙 속에, 바다나 강바닥에 차곡차곡 쌓이는 중이다. 특히 최근 들어서는 플라스틱 쓰레기가 많은 문제가 되고 있다. 또 곡물이 모두 흡수하지 못한 화학 비료는 강을 통해 하구까지 흘러가서 식물성 플랑크톤이 급속히 번성하는 '적조' 라고 하는 수질 오염 문제를 일으키는데, 적조가 일어나면 물속 의 산소가 급격히 줄어들어서 모든 물고기와 해양 생물들이 몰 살하는 죽음의 바다로 변할 수도 있다. 이 문제는 우리나라뿐 아니라, 유럽, 홍콩, 일본, 미국 남부 해안 등 선진국이라는 나라 에서도 몇 년에 한 번씩은 꼭 일어나는 정기 행사가 되고 있다.

인류세라는 용어의 공식적인 사용을 주장하는 사람들은 이러한 변화들이 모두 지질학적인 흔적으로 남을 것이라고 말 한다. 환경 파괴의 심각성에는 모두 동의하지만, 모든 사람들이 인류세라는 용어가 과학적으로 옳다고 생각하지는 않는다. 특 히 지질학을 전공하고 있는 전문가들은 인간의 이러한 활동이 지질 시대를 구분 지을 정도로 강력하다고 생각하지 않는다. 지 질학에서 다루는 시간의 규모가 워낙 크다 보니 몇백 년의 변화 가 쉽게 감지되지 못한다는 주장이다. 전통적인 지질학에서는 운석 충돌, 전 세계적인 화산 폭발이나 대지진, 아니면 태양과

의 거리가 크게 달라질 정도의 큰 변화가 아니면 새로운 지질시
대를 명명할 필요는 없다고 생각하기 때문이다. 인류세가 지구
환경 문제의 심각성을 알리는 데 효과적인 구호가 될 수는 있겠
지만 지질학적인 엄밀성은 떨어진다고 주장하며, 실제로 지질
시대를 결정하는 국제기구에서는 인류세라는 용어를 공식적으
로 인정하고 있지 않다.

과연 수만 년 아니 수십 만 년 후에 우리의 후손 혹은 다른
지적인 생물체가 지금 우리가 살고 있는 시대의 지층을 발견하
면 어떤 물질들이 화석으로 발견될까? 어떤 사람들은 우스갯소
리로 우리나라 사람들이 치킨을 많이 먹으니 한반도에서는 닭
뼈가 엄청나게 발견될 거라고도 한다. 그러나 닭 뼈는 금방 썩
어 없어질 테니 실제로 이럴 가능성은 거의 없다. 그보다는 땅
위에 내려앉아서 쌓인 방사능 물질이나 콘크리트 층 또는 최근
들어서 문제가 되고 있는 플라스틱 층이 대규모로 발견될 가능
성이 더 높다. 인간들 때문에 동식물들의 대규모 멸종이 일어나
고 있으니, 인간이 지구상에 살았던 시기에는 갑자기 생물다양
성이 뚝 떨어지는 현상이 지층의 화석에서 나타날지도 모르겠
다.

그렇다면 인간은 지구 역사에서 나쁜 존재이기만 할 뿐인
가? 어느 생물이나 자신들의 안위를 최우선에 두고, 후손을 많
이 남기기 위해서 몸부림친다. 그런데 인간의 경우에는 지능이

너무 발달해서 다른 동물이나 식물들과 달리 지나친 욕심을 부리고 있는 데다가 이 욕심을 실현시킬 수 있는 수단을 가지게 된 것이 비극의 시작이다. 인간의 이런 폭주를 막을 수 있는 종도 현재 지구상에서는 인간 자신밖에 없다.

파국Collapse의 징조들

생태계에 대한 인간의 압력이 높아지다 보니 자연 생태계가 파괴되고 생물들이 멸종하고 결국에는 인류까지 없어질 것이라는 비관적인 예상을 하는 사람들도 많다. 결론부터 말하자면 인류도 언젠가는 멸종하게 되어 있다. 문제는 그게 지금부터 얼마만큼 시간이 흐른 후인가다. 지질학적인 시간 동안 생물들은 끊임없이 멸종하고 또 진화하여 새로운 종으로 변해왔다. 다만 이런 자연적인 변화는 너무 긴 시간에 걸쳐 일어나기 때문에 우리가 걱정해야 하는 인간의 절멸과는 거리가 있다.

우리가 걱정해야 할 파국은 한 생태계가 짧은 시간 안에 사라져버릴지도 모르는 위기다. 예를 들어, 건조 지역의 외곽에서 산림이 쇠퇴하는 현상은 빠른 속도로 사막화를 일으키고 있다. 건강했던 연안 생태계 수백 제곱킬로미터의 면적이 짧은 시간에 썩은 물로 바뀌는 현상도 관찰된다. 물론 생태계나 환경을 연구하는 사람들에게 급작스러운 변화는 그다지 놀랄 만한 일이 아니다. 예를 들어 깨끗했던 호수의 물이 하룻밤 사이에 조류가 번성해서 초록색을 띠고 악취가 나는 물로 급변하기도 한다. 또 어떤 종의 숫자가 줄기 시작해서 특정 임계점에 달하면 인간이 더 포획하지 않아도 순식간에 자기 스스로 멸종에 이르기도 한다. 매년 사라지고 있는 산호초들도 생태계 몰락의 좋은 예이다. 지구의 환경도 그러하다. 수만 년 이상 계속되었던 빙하기는 짧은 시간 동안 빙하가 녹으며 순식간에 끝나버렸고, 드넓은 사하라 사막도 사실은 수천 년간 초지와 수풀로 덮여있던 사바나 지역이 채 5백 년도 안 되는 짧은 순간에 모래밭으로 바뀐 곳이다. 이 문제와 관련해서 생태학자들이 관심이 가지는 사항은 두 가지이다. 하나는 '이런 급작스러운 변동을 수학적 혹은 경험적으로 설명할 수 있는가', 다른 하나는 '파국에 가까워질 때 나타나는 전조들을 미리 알 수 있는가'이다.

쉐퍼Scheffer 등 이론생태학자들은 이 문제에 대해서 아주 흥미로운 가설과 증거를 내놓았다(Scheffer et al., 2009). 연구에 따르면 파국의 원인이나 기작은 각각 다르지만, 어떤 시스템의 동태를 계속 관찰하다 보면 파국이 가까워지면서 이전에 없었던 독특한 현상들이 관찰되는데, 이를 통해 실제 파국이 닥치기 전에 파국을 예측할 수 있다는 것이다.

생태학자들이 밝혀낸 전조 중 첫 번째는 외부로부터 작은 충격을 받았을 때 다시 정상 상태로 회복되는 데 걸리는 시간이 점점 길어진다는 점이다. 일반적으로 시스템이 외부로부터 충격을 받으면 평형 상태에서 멀어졌다가 다시 원상태로 돌아오려고 한다. 오뚝이를 떠올리면 된다. 충격으로 시스템이 변이되었다가 다시 원상태로 돌아오는 데 걸리는 시간은 매번 다르다. 그런데 파국에 가까워지면 회복되는 시간이 점점 길어지는 현상이 발견된다. 이를 사람에 적용하자면, 작은 감기에 걸렸을 때 다시 회복되기까지의 시간이 점점 길어지는 것을 심각한 폐병의 징후로 볼 수 있을 것이다. 두 번째 징후는 외부에서 충격을 받으면 시스템이 요동치는데, 이때 요동치는 정도의 변이가 더 커진다는 점이다. 자전거를 처음 배운 사람이 자전거를 타다가 넘어지기 직전에 좌우로 더 크게 흔들리거나, 안정적으로 돌던 팽이의 속도가 떨어지면서 넘어지기 직전에 갑자기 크게 좌우로 요동치는 것을 떠올리면 된다. 바깥 온도가 조금만 변해도 음식이 다 상할 정도로 온도가 올라가거나, 반대로 냉장실의 음식까지 꽁꽁 얼려버리는 고장 난 냉장고와 같은 상태라고나 할까. 마지막 전조는 시간에 따른 자기상관Autocorrelaton이 커진다는 점이다. 즉 어느 시간 t와 그 다음 시간 t+1의 값을 각각 x축과 y축의 좌표로 해서 그래프로 표시하면 파국에 가까워질수록 이들 간의 상관관계가 점점 커진다. 이 전에도 생물의 멸종이나

생태계의 급격한 변화 — 예를 들어 식생이 모두 죽거나 호수가
갑자기 녹조로 뒤덮이는 현상 — 에 대해서 상당히 많은 정보
들이 축적되었다. 특히 이전 연구들에서는 시간에 따른 이 변화
가 선형적이지 않고 매우 비선형적으로 어느 임계점부터 급격
히 변화한다는 것이 잘 알려져 있다. 숲이 30% 파괴되었을 때
거기 서식하는 새의 10%가 없어진다면, 숲이 60% 파괴되었을
때는 새가 20% 정도 없어지는 것이 아니라 그냥 전체가 절멸할
수 있는 상황이 대표적인 예다. 그런데 지금 여기서 얘기하고
있는 파국은 이런 비선형성 이상의 더 복잡한 관계이다. 그림
5-1의 우측 그래프에서 보듯, 생태계가 어느 지점에 이르면 갑
자기 전혀 다른 상태로 점프하듯 변할 수 있다는 것이다. 이것
이 바로 우리가 말하고자 하는 파국이다.

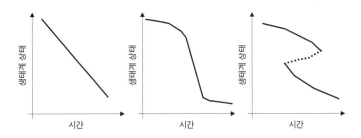

그림 5-1 생태계의 상황이 악화될 때 나타날 수 있는 상황. 좌측은 선형적으로 생태계가 악화
되는 상태, 중앙은 특정한 임계점을 지나면 급속히 악화되는 상태, 우측은 '몰락' 이론이 설명하
는 급격한 상변이 상태를 나타내고 있다.

인간이 자연에 벌인 일은 지금 파국을 향해 가고 있는 것일까? 아니면 파국의 전조를 이미 우리가 깨닫고 이를 해결할 방도를 찾고 있는 것일까? 인간의 안위를 보장하면서도 생태계를 보존할 수 있는 방법을 없을까? 이런 질문들에 대한 단초를 다음의 꼭지들에서 살펴보고자 한다.

생태계의 가격

우리나라 드라마에서 역대 가장 기억에 남는 명대사를 꼽으라 하면 아마도 많은 사람들이 원빈의 '얼마면 돼?'를 떠올릴 것이다. 드라마의 애절한 사랑 내용은 차치하고, 사랑까지 값을 매기는 것이 일상인 세상이 되었다고 한탄하는 사람도 많을 것이다. 그렇지만 사람들을 움직이게 하는 가장 큰 힘은 어떤 것에 대한 가치 그리고 경제적으로 매길 수 있는 가격이라는 것 또한 부정할 수 없는 현실이다. 뭐니 뭐니 해도 세상에서 제일 중요한 것은 '머니Money'라는 썰렁한 개그는 환경 문제에 있어서도 매우 정확한 표현이다. 생태계를 지키는 것은 매우 중요한 일이지만 도덕적인 책무만 강조한다고 해서 곧바로 사람들이 생태계를 지키기 위한 행동을 하지는 않는다. 쓰레기 문제를 생각해보자. 폐기물을 처리할 곳이 없고 환경도 파괴된다고 아무리 방송에서 떠들고 학교에서 교육을 해도 별 효과가 없었다. 하지만 쓰레기 종량제 봉투가 도입되고 분리수거가 의무화되자 매립해야 할 폐기물 양은 엄청나게 줄어들었다. 돈 문제가 개입되면 사람들은 민감하게 반응한다.

생태학은 경제적 이익을 창출하는 여러 가지 개발 사업에 반대하는 논리로 널리 이용되는 등 돈과는 거리가 먼 학문으로 알려져 있다. 오래전 런던 히드로 공항 확장 공사가 난관에 봉착했던 것도, 지금 우리나라에서 제주도 제2공항 건설이 반대에 부딪히고 있는 것도, 건설 비용의 문제 때문이 아니라 주변 생태 파괴 및 온실 가스 배출 증가에 반대하는 시민들과 환경 단체의 목소리 때문이다. 생태계를 연구하는 생태학자들은 일반적으로 생태계에서 일어나는 여러 반응을 분석한다. 예를 들어, 습지를 연구하는 사람들은 생태계에 흘러들어온 물질들을 식물이나 미생물이 분해하고 변환하는 과정을 연구한다. 어떤 연구자들은 특정 종류의 '벌'이 어떤 식물을 찾아다니고 왜 그런 습성을 보이는지를 연구하기도 한다. 이러한 '생태계의 반응' 자체에는 큰 흥미가 없는 대다수의 사람들은 습지가 없어지거나 벌들이 갑자기 사라진다는 말에도 무관심할 뿐이다. 그런데 만일 이런 변화가 인간의 이익과 밀접하게 연관되어 있다는 점을 알게 되면 어떤 반응을 보일까?

벌이 사라지는 현상은 생태계의 변화가 인류에게 상상 이상의 영향을 줄 수 있음을 보여주는 대표적인 사례다. 벌은 단순히 인간이 먹을 꿀을 만들어내는 데 그치지 않고 이 식물 저 식물을 옮겨 다니면서 꽃가루를 전파한다. 이러한 수분受粉을 통해서 식물이 열매를 맺고, 다른 동물들은 그 열매를 먹고 살아간다. 인간이 섭취하는 식량의 기저에도 바쁜 벌들의 노동이 깔려 있다. 만일 벌들이 사라진다면 당장 인류에게 필요한 곡물 생산에 큰 차질이 생길 뿐 아니라, 지구 전체 생태계의 안정성이 크게 요동칠 수 있다. 물리학 전공자인 아인슈타인이 '벌이 지구상에서 사라진다면 인류의 삶은 채 4년도 남지 않게 된다'라는 생태학자나 할 법한 말을 남겼다는 소문도 있을 정도니 그 중요성을 짐작할 수 있다.

산소가 없어져야 숨쉬기의 중요성을 알 수 있듯, 벌들의 역할은 벌들이 사라지기 시작한 다음에야 사람들의 관심을 끌게 되었다. 2000년대 초반부터 양봉업자들이 발견한 이상한 현상에 대해 과학자들은 논문을 발표하기 시작했다. 바로 '군집붕괴현상'이라는 것으로, 일벌들이 사라져버리고 벌집에 남은 애벌레와 여왕벌도 죽어버려, 결국에는 벌통의 벌 집단 전체가 갑자기 멸망해버리는 현상을 말한다. 그 원인은 아직도 명확하지 않다. 핸드폰의 전자기파 때문이라는 주장도 있고, 농약의 과다 사용이나 기후변화와 같은 요인도 거론되고 있다. 또 벌에 치명적인 바이러스의 확산 가능성도 제안되었다. 지금까지의 연구는 대부분 양봉벌에 관한 것이어서 '야생벌'의 상황에 대해서는 잘 모르고 있었다. 그러나 몇 년 전 미국 과학한림원 회보에 실린 논문에 따르면 2008년에서 2013년 사이에 미국 전역에서 야생벌의 1/4 정도가 사라졌다(Koh et al., 2016). 한국 출신 고인수 박사가 발표한 이 연구 결과의 더욱 중요한 점은 농사를 많이 짓는 곳에서 야생벌의 숫자가 더 많이 줄어들었다는 점이다. 정작 벌이 많이 필요한 곳에서 벌의 수가 더 크게 줄어든 것이다. 야생벌은 숲이 있어야 제대로 서식할 수 있는데, 숲을 잘라내고 농경지로 만드니 벌의 서식지가 사라져버린 탓이다.

그렇다면 인류의 미래는 단 4년이 남았을 뿐인가? 다행히 자연은 우리가 생각하는 것보다 훨씬 더 복잡하다. 같은 학술지에 발표된 다른 연구자의 연구에 따르면, 파리를 포함한 다른 곤충들도 꽃가루 수분에 상당히 기여하고 있다. 전 세계 39개 지역에서 연구한 결과를 살펴보면 전체 수분의 40% 정도는 벌이 아닌 다른 곤충들이 담당하고 있다. 물론 숫자도 많고 꽃을 방문하는 횟수도 많은 벌보다는 효율이 크게 떨어지지만 말이다.

이렇듯 인간도 모르는 사이에 생태계가 인간에게 제공하는 혜택은 수도 없이 많다. 아무 쓸모없어 보이는 강변 갈대밭의 흙 속에서는 세균들이 물속의 질산염을 기체로 날려 보내 물을 정화하고 있다. 돈도 들어가지 않는 수처리 시설이다. 열대 해안의 맹그로브 숲은 자연의 방파제다. 맹그로브 숲은 동남아

시아에 쓰나미가 몰려왔을 때 해일을 막아 수많은 생명을 구해
냈다. 아무 가치도 없어 보이는 산의 관목들과 풀들은 흙을 붙
잡아서 산사태를 막아주고 있다. 종종 기피 대상으로 여겨지는
뱀이 없어진다면 쥐와 같은 동물들이 창궐해서 곡물 생산에 차
질을 빚을 것이다.

　이와 같이 생태계에서 일어나는 반응 중 인간의 복지에 직
접 영향을 미치는 것을 '생태계 서비스Ecosystem Service'라고 한
다. 학자들 사이에서는 오랫동안 논의되어 온 개념이지만, 대
중에게는 2005년도에 발표된 '새천년 생태계 보고서Millennium
Ecosystem Assessment'를 통해 널리 알려졌다. 이 보고서는 21세기
에 들어서면서 UN의 요청으로 천여 명이 넘는 세계의 유수한
생물학자들이 모여 전 세계의 생태계의 현 상황을 진단하고 생
태계가 인간에게 주는 혜택을 검토한 내용으로 구성되어 있다.
이들은 생태계 서비스를 '지원Supporting, 공급Provisioning, 조절
Regulating, 문화Cultural'의 네 가지 범주로 나누어 자세히 분석하
였다. 지원 서비스는 인간을 비롯한 모든 생명체가 이 지구에서
계속 살아갈 수 있도록 하는 기능으로 일차생산, 토양의 형성,
영양분 순환, 화분花粉작용과 같은 것을 의미한다. 다른 세 가지
서비스가 존재하기 위한 토대를 마련하는 생태계의 혜택이라
생각하면 된다. 공급 서비스는 목재, 식수, 어류, 약재와 같이 자
연 생태계가 우리에게 직접적으로 제공하는 자원을 의미한다.

조절 서비스는 자연이 일정하게 유지되도록 하는 활동으로 탄소나 물의 순환, 온도나 수분이 일정하게 유지되는 것, 쓰레기를 분해하는 것 등을 포함한다. 문화 서비스는 글자 그대로 자연 생태계가 문화, 종교, 역사, 휴식, 교육과 같이 인간에게 제공하는 정신적이고 비물리적인 효용을 의미한다. 이 보고서에 따르면 지난 50여 년 동안, 생태계가 인간에게 주는 혜택 24가지 중 단지 4가지만이 개선되었을 뿐이고 15개는 아주 심하게 훼손되었다고 한다. 즉, 인간들이 경제 발전을 위해서 많은 노력을 해왔지만, GDP에도 계상되지 않는 자연이 주는 경제적 혜택은 크게 감소하고 있다는 것이다. 인간들은 돈을 벌기 위해서 생태계를 파괴하고 여러 가지 사업을 벌였지만 결국은 자신의 이익에도 반하는 행동을 해온 셈이다.

어려운 문제는 생태계의 가치를 실제 경제 가치로 어떻게 계산할 것인가이다. 돈이 중요하다고 하지만, 세상에는 가격을 매기기 어려운 것들이 많다. 예를 들어, 여러분의 가족은 얼마짜리인가? 이런 질문에 선뜻 쉽게 대답할 수는 없다. 자연 생태계에 대해서도 마찬가지이다. 우리 주위의 산이나 바다, 날아다니는 새나 곤충들은 도대체 얼마짜리인가? 만일 가격을 매길 수 있다면, 이것들을 보호하는 일에 사람들이 훨씬 더 적극적으로 참여할 것이다. '뭐니 뭐니 해도 머니' 공식이 작동하기 때문이다.

  '생태경제학'이라는 학문 분야에서는 이런 복잡한 문제, 즉 생태계가 얼마짜리인지를 계산해보려고 노력 중이다. 여러분 동네에 있는 산으로 예를 들어보자. 밤나무가 많이 자라는 곳에서는 밤을 따서 시장에 내다 팔면 돈을 벌 수 있다. 이런 이익을 '직접시장가치Direct marketable value'라고 부른다. 산의 경치가 좋다면 직접적이지는 않지만 입장료를 받아서 돈을 벌 수도 있고, 관광객들을 대상으로 식당을 열어 돈을 벌 수도 있다. 이런 이익은 '직접비시장가치Direct non-marketable value'라고 한다. 그런데 산의 가치는 이렇게 직접적으로 돈으로 바꿀 수 있는 것만이 전부는 아니다. 산이 있으므로 깨끗한 공기와 물을 얻을 수 있고, 경치가 좋으니 주변에 사는 것이 만족스러울 수도 있다. 이렇게 얻을 수 있는 이익을 '간접가치Indirect value'라고 한다. 뿐만 아니라 지금은 아무 값어치가 없을지라도 언젠가는 이 산이 경제적인 이득을 가져다 줄 것이라는 기대 자체도 하나의 가치가 될 수 있다. 숲속의 이름 없는 풀이 나중에 혹시라도 어떤 약품의 원료로 사용될 수도 있고, 숲이 나중에 택지로 개발되면 값이 껑충 뛸지도 모를 일이다. 이러한 가치를 '선택가치Optional value'라고 한다. 그런데 이런 세속적인 형태로는 계상되지 않는 가치도 있다. 예를 들면 인간들이 중요하게 생각하는 정신적, 문화적, 감정적 효용은 어떻게 할 것인가? 이러한 것들은 '유산가치Bequest value'와 '내재적가치Intrinsic value'라고 한다. 예를 들어, 조상에게 물려받았고 후손에게 물려줄 뒷산 숲은 시장에서 전혀 팔리지도 않을 것이고, 딱히 현재에도 미래에도 다른 용도가 없는 것 같지만 그 나름으로 가치를 가지고 있다. 귀엽지도 않고 약으로도 사용할 수 없는 무섭게 생긴 파충류도 그 존재 자체가 지니는 가치가 있는 것과 마찬가지다.

그 다음의 문제는 이런 가치들을 실제로 어떻게 '가격'으로 변환할 것인가이다. 직접시장가치나 직접비시장가치는 상대적으로 가격 계산이 쉽다. '실제시장Actual market'에서 사고 파는 가격을 계산하거나 기회비용을 추산하면 된다. 그렇지만 실제 생태계의 가치는 이렇게 직접적으로 계산되는 부분보다 그렇지 않은 부분이 더 많다. 그런 경우 대체비용Replacement cost이나 여행비용Travel cost을 따져보는 방법이 있다. 예를 들어 습지가 수질을 개선한다면, 그 습지의 가격은 수처리 공장을 만드는 데 들어가는 비용을 대체하는 것에 해당한다. 이를 '대체 비용'이라 한다. 또 멋진 경치가 있는 생태계의 경우 사람들이 이곳을 보러 오면서 쓰는 비용이 그 생태계의 가치를 결정하는 중요한 요소 중 하나다. 이를 '여행 비용'이라 한다. 이러한 계산 방법들을 통칭해서 '대체시장Surrogate market'을 이용한 방법이라 한다. 그런데 앞에서 얘기했던 유산가치나 내재적가치는 이러한 방법들로도 계산할 수가 없다. 이때는 가상가치 평가법Contingent valuation method이라는 방법을 사용한다. 기본적으로 사람들에게

얼마나 비용을 낼 용의가 있는지Willingness-to-Pay 혹은 얼마만큼
의 비용을 받아들일 용의가 있는지Willingness-to-Accept와 같이 설
문 형식의 질문을 통해서 생태계의 가격을 매기는 방법이다. 예
를 들어 사람들에게 어떤 생물을 보존하는 데 얼마나 돈을 낼
용의가 있는지를 물어보면, 그 생물의 무형의 가치가 얼마인지
를 돈으로 환산할 수도 있다.

　이러한 방법들을 통해, 환경 분야에서 역대 두 번째로 인용
수가 많은 논문이 1990년대에 코스탄자라는 교수에 의해 발표
됐다(Costanza et al., 1997). 이 논문에 따르면 사람들이 아무 가치도
없다고 생각했던 연안습지가 실제로는 헥타르 당 9990달러의
경제적 가치가 있는 반면, 누구나 큰 가치가 있다고 생각하는
농경지는 92달러에 그쳤다. 실제로 1995년 기준으로 지구 전체
생태계가 매년 만들어내는 경제 가치는 33조 달러로, 인간의 경
제 활동으로 만들어낸 그 해의 GDP 총량인 25조 달러보다 더
큰 액수의 경제적 이득을 가져다준 것으로 파악되었다. 같은 분
석을 2011년에 다시 시도했는데 이때 생태계가 우리에게 가져
다주는 경제적 가치는 125조 달러로 파악되었다. 경제적 가치
가 늘어난 까닭은 그동안 생태계가 잘 보존되었기 때문이 아니
다. 오히려 매년 대략 4조에서 20조 달러에 해당되는 경제적 가
치가 생태계 파괴로 인하여 사라지고 있다. 따라서 1995년에
비해 2011년의 경제적 가치가 크게 늘어난 것은, 우리가 모르

고 있던 생태계의 가치가 새로 발견된 결과라고 보는 게 맞다. 예를 들어, 1995년 분석에서는 맹그로브의 경제적 가치가 그다지 높지 않게 평가되었지만, 인도네시아에 쓰나미가 덮쳤을 때 맹그로브 덕에 많은 사람이 목숨을 구했다는 게 밝혀지며 2011년에는 그 경제적 가치가 훨씬 크게 계상된 것이다.

오래전 한 신용카드의 텔레비전 광고 시리즈 하나가 기억난다. 가족이나 사람들의 일상을 보여주며 이를 구성하는 개개 상품들의 가격이 얼마인지 값을 보여주다가 마지막에는 사람들 간의 사랑이나 행복은 '값을 매길 수 없다Priceless'라는 멘트로 끝나는 광고였다. 역설적으로 값을 매길 수 없는 생태계까지도 값을 매겨야만 보전이 가능한 시대다. 생태계의 서비스와 그 가격을 정확히 매기고 이를 대중이 이해하게 된다면, 밀어붙이기 식 개발 사업은 더 이상 가능하지 않을 것이다. 당신 주위의 생태계는 얼마짜리일까? 이것은 그냥 흥미로운 질문을 넘어서 인류가 앞으로 어떤 방향으로 나아가야 할지를 묻는 중요한 자문이다. 우리나라에서 큰 논란거리였고 아직도 결론이 나지 않은 많은 문제들이 있다. 새만금 사업, 4대강 사업 등이 대표적이다. 최근에는 설악산 케이블카 공사를 금지하기로 한 환경부의 결정에 반발하는 사람들도 있다. 개발을 주장하는 사람들은 생태계를 보존하는 것에 비해 개발 사업을 하는 편이 더 큰 경제적 이익을 가져다준다고 주장한다. 그러나 생각해 보라, 사람들이 왜 제주도나 설악산을 찾는지를. 이미 십수 년 전의 일이지만, 남해와 서해안 연안습지 부근에 사는 주민들 일부는 자연보호지구로 지정되는 것에 결사반대하여 갈대밭에 불을 지르기도 했었다. 개발을 못하니 땅값이 떨어진다는 이유에서였다. 지금의 상황은 어떤가? 순천시는 국가 정원 순천만 덕분에 매년 수백만 명이 방문하는 관광 명소가 되었고, 이를 통해 얻은 경제적 이득은 말할 필요도 없다. 황금알을 낳는 거위의 배를 가르지 말라는 우화는 아이들을 위한 이야기만은 아니다. 무엇이 황금알인지를 알려주는 것은 현대 생태계 연구의 중요한 역할 중 하나이다.

도시라는 새로운 생태계

생태계 연구에는 결국 인간과 자연의 관계에 대한 철학적 관점이 녹아 있다. 인간을 기독교에서 말하는 '청지기Stewardship'로 믿든지, 아니면 유구한 진화의 시간을 거치며 지적 능력이 특화된 진화의 산물로 생각하든지 간에, 이 두 가지 관점 모두 인간이 생태계 파괴를 막아야만 할 존재라는 점을 강조하고 있다. 즉 인간이 지금까지 얻은 정보를 토대로 생태계를 보존하고 복원하는 방법도 생각할 때가 되었다는 말이다. 인간의 활동 하나하나가 생태계에 유례없는 영향력을 행사하고 있기 때문이다. 인간이 생태계에 영향을 미치는 활동이라 하면 댐이나 공항 건설처럼 거대한 사업을 생각하기 쉽지만 실제로는 매우 사소해 보이는 변화가 큰 영향을 미치기도 하다.

대표적인 예로, 인간들의 식습관 변화를 들 수 있다. 필자가 참여해 『네이처 기후변화Nature Climate Change』에 게재한 논문에서 이런 예를 잘 볼 수 있다(Yuan et al., 2019). 원래 중국에서는 돼지고기나 쌀에 비해서 게나 생선 요리를 그리 많이 먹지 않았다. 그런데 최근 들어 생활 수준이 높아지다 보니 중산층들이 너도나도 앞 다투어 수산물을 즐기게 되었다. 소비가 늘어나 수산물 수요가 증가하니, 원래 벼를 키우던 농부들이 논을 양식장으로 바꾸어서 쌀 대신 물고기와 게를 키우기 시작했다. 우리 연구진이 관심을 가진 것은 이러한 변화가 기후변화를 일으키는 메탄이나 아산화질소 같은 온난화 기체 발생에 어떤 영향을 미치는가 하는 점이었다. 메탄과 아산화질소는 물이 고여 있고 미생물의 먹이가 풍부한 환경에서 쉽게 발생한다. 이런 이유로 원래 논에서도 이런 기체들이 상당량 발생하는데, 논을 양식장으로 바꾸니 메탄 발생량이 훨씬 더 많이 증가했다. 게나 어류를 양식할 때 주는 먹이의 찌꺼기와 배설물이 바닥에 쌓여 썩으면서 더 많은 메탄을 만들어냈기 때문이다. 질소 비료를 쓰지 않으니 아산화질소 발생량은 논에 비해 줄어들었지만, 종합적으로 계산해보면 논이 양식장으로 바뀜으로써 지구 온난화에 미치는 영향이 거의 4배 가까이 증가한 것으로 나타났다. 결국 사람들의 식습관 변화가 이와 무관해 보이는 기후변화를 더 가속시키는 것이다.

선호하는 기호 식품의 변화도 비슷한 결과를 낳는다. 예를 들어 중국인 한 사람의 연간 평균 와인 소비량은 현재에는 채 2 병이 되지 않아서 유럽의 1/20 이하로 매우 적은 수준이지만 이 소비량은 급속히 증가하고 있고, 이에 발맞추어 중국 내에서의 와인 생산량도 급속히 증가하고 있다. 현재 중국의 와인 생산량이 세계 6위 수준이라는 점은 잘 알려져 있지 않다. 더욱 놀라운 사실은 현재 중국의 포도밭 면적이 스페인에 이어 세계에서 두 번째로 넓다는 점이다. 프랑스 최고급 와인 브랜드인 '샤토 라피트 로쉴드'는 아예 산둥 반도에 수년 전부터 포도밭을 가꾸어서 '롱다이'라는 중국 브랜드의 와인을 올해 출시했을 정도다. 앞으로 중국의 포도밭 면적은 점점 넓어질 것이 확실하나, 이 변화가 기후변화에 어떤 영향을 미칠지는 아무도 모른다. 인간의 입맛이나 취향이 단순히 시장을 바꾸는 데서 그치는 게 아니라 지구의 환경 전체에 영향을 미치게 되는 것이다.

지구 전체에 걸쳐 자연 생태계의 구조와 기능을 결정하고 조절하는 데 인간의 역할이 중요하다는 것이 알려지다 보니, 산림이나 호수를 연구하듯 인간이 정주하는 '도시'도 하나의 생태계로 간주해야 한다는 인식이 널리 퍼지게 되었다. 우리나라만 해도 인구의 90% 가량이 도시에 살고 있다. 사람들이 대도시로 모이는 건 한때 아시아 국가만의 문제로 여겨졌다. 하지만 최근에는 미국에서도 학생들이 점점 대도시에 있는 대학을 선호하고, 조용한 교외나 시골에 있는 대학을 기피하는 현상이 나타난다. 이런 경향에 따라 최근 들어서는 '도시 생태계'도 생태계 연구의 한 대상으로 고려되고 있다. 대규모 생태계 연구의 대표적인 프로그램인 미국의 장기생태연구지는 이러한 경향을 잘 반영한다. 1970년대 말 이 사업이 처음 시작될 때는 산림, 호수, 초원, 연안과 같은 자연 생태계가 주 연구 대상이었다. 그러나 현재 26개에 달하는 다양한 생태계 연구지 중 가장 마지막으로 선정된 지역은 매릴랜드주의 볼티모어와 아리조나주의 피닉스로, 둘 다 도시 근교이다. 두 도시 모두 미국에서 인구 증가가 가장 급격히 일어난 곳으로, 도시의 팽창이 주변 산림이나 하천에 큰 영향을 미치고 있다.

　　도시를 대상으로 과거 자연 생태계를 연구할 때 사용했던 것과 비슷한 방법론을 적용하는 연구들도 많이 나타나고 있다. 메탄에 대한 연구를 예로 들어보자. 메탄은 이산화탄소 다음으로 강력한 온난화 기체이며 대부분 물이 고인 지역에서 미생물에 의해 만들어진다. 따라서 이전까지는 습지, 논, 혹은 소와 같은 반추 동물의 위에서 일어나는 작용에 대한 연구가 널리 진행되었다. 인간과 관련해서는 쓰레기 매립지 정도가 연구되었을 뿐이다. 그러나 최근에는 인구 밀도가 높은 도심 한가운데서 이 메탄 기체의 농도를 재는 연구가 이루어지고 있다. 일군의 과학자들은 미국 보스턴의 도심에서 비정상적으로 높은 농도의 메탄을 측정해냈다. 습지도 논도 소도 없는 도심에서 높은 메탄 농도가 측정된 결과에 대해 처음에는 과학자들도 반신반의 했으나, 알고 보니 도시의 천연가스 배송관이 낡아서 가스가 세어 나오고 있었다. 이제는 대도시에서 유출되는 메탄의 양을 알아야 전 지구 대기 중의 메탄 변화를 정확히 추정할 수 있는 상황이 된 것이다.

또 하나의 새로운 연구 분야 중 하나는 도심의 '미생물균총'이다. 원래 미생물균총이란 2장에서 언급했듯 사람의 장속이나 피부 등에 서식하며 인간의 건강에 영향을 미치는 미생물 전체를 일컫는 단어다. 그런데 최근에는 도심에 인간들이 만들어낸 여러 가지 구조물에도 매우 다양한 미생물들이 서식하고 있는 것이 밝혀졌다. 예를 들어, 뉴욕시 한복판 센트럴파크의 흙 속에 서식하는 미생물의 다양성은 깊은 산속과 큰 차이가 없는 것으로 밝혀졌고, 뉴욕이나 홍콩처럼 지하철망이 발달한 도시에는 지하철의 유동 인구 수에 따라 역에 서식하는 미생물의 양이나 종류가 크게 바뀐다는 것이 알려졌다. 수천만 명의 인구가 살고 있는 대도시는 아직 전혀 탐색되지 않은 아마존 밀림이나 마찬가지이다. 이 도심 속에서 미생물들이 어떻게 분포하고 사람의 활동에 따라 어디로 이동하는지 밝히는 것은 우리가 겪고 있는 코로나 바이러스와 같은 전염성 질병을 이해하거나 바이오 테러에 대응하기 위한 기초 자료로도 중요하다. 전체 인구 중 도시 거주 인구의 비율이 아주 높고, 인구 밀도도 높은 우리나라의 경우 이런 도심 속 생태 연구가 더욱 중요하다.

　　그럼 과연 인간을 고려한 생태계 연구의 미래는 밝기만 한 것일까? 문제가 그리 간단해 보이지는 않는다. 앞에서 언급했듯 미국에서 최근 야심차게 시작한 국립생태관측연구망의 62개 연구지를 보면 아직 인간이 정주하는 도시는 배제되어 있다. 인간의 역할이 중요하지 않기 때문이 아니라, 인간의 복잡한 활동까지 고려하기에는 아직 생태계 연구자들의 분석 능력이 부족하기 때문이다. 인류의 지적 능력이 장난감 통을 뒤집을 만한 정도까지는 발달했지만, 아직은 어지럽혀진 방을 정리해서 치우기에는 역부족인 상황이다. 게다가 아직도 도시의 생태학이라고 하면 건물 주변의 조경사업이나 멧돼지 출몰 문제 정도만 생각하는 사람들이 많다. 차가운 콘크리트의 도심에서도 복잡하게 전개되는 생태계의 반응을 잘 이해하는 것, 이것이 생태학이 대답해야 할 다음 질문이다.

지구공학 vs 지구생리학

우리말에서는 '병 고치는 것'과 '병 치료하는 것'을 거의 같은 의미로 사용하지만, 영어에서 고친다는 뜻의 'fix'라는 단어와 치료한다는 뜻의 'treat'은 매우 쓰임새가 다른 말이다. 즉 고장난 기계를 고치는 것과 살아 있는 생물의 건강을 되찾게 하는 것은 서로 다른 일이라는 것이다. 우리가 직면한 환경 문제를 어떻게 해결할 것인가에 대해서도 이 두 가지의 상충되는 관점이 자주 충돌한다. 기후변화가 부정할 수 없는 과학적 사실로 굳어지면서, 이제 관심사는 과연 기후변화를 되돌릴 수 있는가 하는 문제로 옮겨가고 있다.

기후를 정상 상태로 되돌리려는 방안들의 하나로 '지구공학Geoengineering'이라는 연구 분야가 있다. 쉽게 말해 '기후공학'과 유사한 의미라고 생각하면 된다. 즉, 지구 수준에서 인간의 공학적인 노력으로 기후를 조절해 우리가 원하는 상태 혹은 자연 상태로 되돌려보려는 기술적 해결책들을 말한다. 이 방법은 두 가지로 대별되는데 하나는 태양에서 들어오는 햇볕을 줄이기 위해서 하늘에 큰 반사경을 설치하거나 구름의 양이 증가하도록 에어로졸을 하늘에 살포하는 방법으로, 이를 '태양광 관리SRM*'라고 한다. 대기 외부에 로켓을 발사해 넓은 면적에 작은 디스크를 흩뿌려서 우주에 일종의 차양막을 만들어보겠다는 생각에서부터, 대기 상층부에 황산염 에어로졸을 뿌려서 햇빛의 투과량을 줄이는 방법, 그리고 지표면에 태양 반사량이 많아지도록 페인트를 칠하는 방법 등이 다양하게 연구되고 있다. 또 다른 연구 방향은 해양과 육상의 광합성량을 증가시켜서 공기 중의 이산화탄소를 흡수하는 방법으로, '이산화탄소 제거CDR**'라고 통칭한다. 육상 생태계에 나무를 심어서 이산화탄소를 흡수시키는 방법, 해양 광합성의 제한요인인 철분을 바다에 뿌려서 인공적으로 해양의 녹조를 일으켜 이산화탄소 흡수량을 늘리는 방법 등이 제안되고 있다. 또 식물 부산물이 자연적으로 분해되지 않도록 숯과 같은 바이오차르 형태로 토양에 살포하는 방법도 연구되고 있다.

* Solar Radiation Management
** Carbon Dioxide Removal

　기후변화에 대한 공학적인 해결책의 시초는 '탄소포집과 저장 기술'이라 번역되는 'CCS*' 기술이다. 이 기술은 화석 연료를 대량으로 사용하는 공장이나 발전소에서 높은 농도로 배출되는 이산화탄소를 포집 농축해서 땅속 깊숙이 묻어 버리는 방법을 사용한다. 고농도의 이산화탄소를 흡착하여 농축하는 기술, 이것을 멀리까지 안정적으로 이동시키는 기술, 땅속 깊이 고압으로 밀어 넣는 기술, 만일에 대비해 유출되는 기체를 감지하고 그 피해를 예측하는 기술 등이 필요하다. 그런데 이렇게 하는 데 들어가는 비용이 너무 크기 때문에 이 자체만으로는 경제성이 떨어진다. 그래서 석유 채굴이 다 끝난 유전에 이산화탄소 기체를 주입하는 방식으로 이 기술을 적용한다. 그러면 잘 채굴이 안 되던 원유를 알뜰하게 짜내서 사용할 수 있고, 동시에 이산화탄소도 저장할 수 있어 경제성이 확보된다. 우리나라에서는 관련된 연구가 시작되던 중에 포항에서 지하수 주입과 관련하여 일어난 지진 탓에 연구가 전면 중단된 상태이다. 이 기술은 매우 많은 양의 화석 연료를 사용해야 하는 화학공학 기반의 기술로, 일반적으로 말하는 지구공학 기술과는 약간 거리가 있는 접근이다. 하지만 성공적으로 기술이 적용된다면 기후

*　Carbon Capture & Storage

변화 문제를 획기적으로 해결할 것이라 기대되어 IPCC 등에서
도 상당히 비중 있게 다루어지고 있다.

그러나 이런 공학적인 방법을 향한 비판과 우려도 만만치
가 않다. 지구의 복잡한 순환에 대한 이해가 부족한 상황에서
일부 지역의 햇빛을 차단하면 오히려 다른 지역의 가뭄이나 홍
수를 일으킬 수 있고, 대기 중에 뿌린 에어로졸은 산성비로 내
려와 다른 생태계를 파괴할지도 모른다. 해양에 플랑크톤을 과
량 번식시켜 이산화탄소를 흡수시키려는 기술은 바다 바닥 생
태계를 파괴시킬 우려가 있어 이미 연구 중단이 선언된 상태이
다. 이런 논란의 기저에는 지구를 하나의 기계로 보고 이를 '고
치려는' 사고 자체에 대한 근본적인 회의가 자리 잡고 있다. 즉
지구공학의 기술적 효용성을 의심하는 것뿐만 아니라, 지구공
학 기술로 기후변화 문제를 해결할 수 있을 것이라는 기대가 오
히려 온난화 기체를 마구잡이로 배출하는 도덕적 해이를 가져
올 수 있다고 우려하는 것이다. 마치 당뇨병 환자가 좋은 약을
먹어 혈당이 조절되기 시작하면 오히려 식습관을 조심하지 않
게 되는 것과 같은 이치이다. 그럼에도 불구하고 지구공학이 매
력적인 대안으로 여겨지는 이유는 기후변화의 속도가 줄어들기
는커녕 더 빠르게 진행되고 있을 뿐 아니라 그로 인해 일어나는
피해가 우리가 예상했던 것보다 더 다양하고 광범위하게 일어
나기 시작했기 때문이다. 그래서 최근에는 대기 에어로졸 살포

228

나 해양에 철분을 투입하는 것과 같이 큰 부작용이 예상되는 기술 대신, 좀 더 간접적인, 소위 '연성 지구공학Soft Geoengineering' 기술에 관심이 모아지고 있다. 나 역시 이탄습지 내에 탄소 분해 속도를 생물학적 원리를 이용해서 늦출 수 있을지에 대한 연구를 수행하고 있다. 또 이전에는 생각하지 못했던 바닷가 토양에 저장되어 있는 소위 '블루카본'*의 양이 얼마나 되는지 또 어떤 기작으로 분해되는지에 대한 연구도 수행 중이다.

지구공학이 필요하다고 주장하는 이들과는 달리 지구 전체를 하나의 살아 있는 유기체로 보고, 지구의 생리를 정확히 이해한 다음 병을 고치듯이 치유해야 한다고 주장하는 사람들도 있다. 우리나라에도 널리 알려진 제임스 러브록의 책 『가이아Gaia』에 소개된 '지구생리학Geophysiology'이라는 용어가 이런 사고를 잘 대변한다. 그리스 신화에 나오는 대지의 여신 '가이아'는 영국의 '독립' 화학자, 즉 일반적인 교수나 연구소 연구원이 아닌 혼자 연구를 수행하고 책을 쓰는 러브록 박사가 1979년에 발표한 책의 제목으로 널리 알려져 있다. 그는 지구 전체가 '자기 조절Self-regulating'을 하는 하나의 생명체라고 상정한다. 마치 우리가 몸의 여러 기관들이 각자 활동을 하고 조절 작

* 해양 생태계의 식물성 플랑크톤이나 수초, 그리고 연안 생태계의 식생과 토양에 저장되어 있는 탄소를 블루카본이라 부른다.

용을 해서 생명이 유지되는 것처럼, 지구에 사는 생물들의 생명
활동으로 지구의 대기를 비롯해서 물리화학적 조건이 조절된다
는 주장을 폈다. 예를 들어 식물의 광합성으로 인해 대기에 공
기가 공급되고, 생명체에 의해 지구의 반사도가 변화하여 지금
의 온도를 유지할 수 있다는 것이다. 다소 신화적이고 신비주의
적인 러브록의 주장에 대해서 과학자들의 반론도 끊임없이 나
왔지만, 그의 주장은 지구 전체를 하나의 시스템으로 여기는 과
학적 관점을 발전시키는 데 큰 역할을 담당했다. 린 마굴리스
Lynn Margulis*를 통해 이 개념은 학계에도 널리 알려지게 되었고,
대중들은 가이아라는 용어를 생태주의 혹은 자연주의의 신조로
사용하게 되었다. 지금도 유기농 상품의 홍보 문구나 요가 학원
의 이름에 이 단어가 널리 쓰이는 것을 보면 그 파급력을 알 수
있다.

　　지구가 하나의 살아 있는 생명체이고 이에 대한 생리학, 즉
지구생리학을 연구할 필요가 있다는 주장은 생지화학Biogeo-
chemistry이나 지구시스템 과학Earth system science과 일맥상통하는

＊　미토콘드리아나 엽록체 같은 것들이 독립적으로 생존하던 단세포
　　생물이었으나 세균들의 몸속에 들어가서 공진화를 통해서 현재의
　　동물, 식물들이 등장했다고 하는 '공진화'이론을 주창한 학자이다.
　　유명한 천문학자 칼 세이건Carl Sagan의 첫 번째 부인으로도 잘
　　알려져 있다.

생각이다. 지구에 대한 정보가 많아질수록 개별적이고 단기적인 공학 기술로는 복잡한 기후변화에 대응하기에 역부족이라는 것이 점점 명확해지고 있다. 예를 들어, 최근의 연구 결과를 보면 남아메리카의 아마존 숲에서 벌어지고 있는 대규모 벌목으로 인해 미국 서부의 가뭄이 심화되었다거나, 북극의 온난화가 오히려 일부 온대 지방의 겨울 기온을 낮출 수 있다는 등 이전에는 전혀 생각지도 못했던 현상들이 밝혀지고 있다. 우리나라도 이런 전 지구적 문제와 무관치 않다. 중국에서 유래한 대기 오염 물질이 우리나라 토양과 산림에 영향을 미치고 있고, 우리나라에서 매립한 새만금 때문에 뉴질랜드에 서식하는 철새의 존립이 위협받고 있다. 오늘날 지구의 환경 문제는 한두 지역에 국한된 이슈가 아니라 여러 가지 요소들이 전 지구에 걸쳐 실타래처럼 얽혀 있는 형태다.

이런 문제를 해결하기 위해서 어떤 노력을 해야 할까? 고혈압에 걸린 환자가 병을 이겨내려면 어떻게 해야 할지 생각해 보면 쉽게 답이 나온다. 당연히 혈압을 낮추는 약을 먹어야 하지만 금연과 절주 그리고 적절한 운동을 병행하지 않으면 병을 '고칠' 수 없다. 마찬가지로 기후변화가 더욱 심각해지는 것을 막고 이를 되돌리려면 공학적인 해결책도 시급하지만 그런 해결책이 또 다른 생태계를 교란하거나 환경적인 문제를 일으켜서는 안 된다. 내가 기후변화 관련 연구를 한다고 소개를 하면 미국 친구들에게서 당장 듣는 질문은 '고칠 수 있는가Can you fix it?'이다. 내 대답은 이러하다. '치료는 할 수 있다We can treat it'.

결론, 한계 그리고 전망

지금까지 생태계라는 개념이 어떻게 시작되어 발전해왔는지부터 시작해 다른 학문 분야와 대중들에게 영향을 미쳐온 과정, 생태계 연구자들이 수행하고 있는 연구, 다양한 생물군계의 특징까지 살펴보았다. 그리고 마지막으로 인간이 지구 생태계에 미치고 있는 영향과 그로 인해 발생하는 문제를 해결하기 위해 어떤 노력을 하고 있는지도 소개해보았다.

　　하나의 과학적 개념도 시대에 따라 다양한 방식으로 사회에 적용될 수 있다. 생태계 개념도 그러하다. 분명 오늘날 생태계 개념은 기후변화와 생물다양성 파괴 등 우리가 직면한 큰 문제를 이해하고 해결하는 데 중요한 단초를 제공하고 있다. 하지만 아직도 가야 할 길은 멀다. 생태계 개념을 중심에 두고 세상을 바라보려 할 때 직면하게 되는 문제점과 향후에 해결해야 할 점들을 살펴보면 다음과 같다.

첫 번째는 생태계 개념 자체에 내재된 모호성이다. 처음 탠슬리가 생태계 개념을 제시했을 때 생태계의 의미란 '우주를 구성하고 있는 물리적 위계에서 생물 집단과 환경으로 이루어진, 어찌 보면 생물군계보다 작고 군집보다는 큰 물리적인 실체'로 비교적 명확했다. 그러나 오늘날에는 물리적인 공간에 구속되지 않으며, 명확한 경계와 생물학적 요소 그리고 이에 영향을 주고받는 물리화학적 요소들이 상호 작용한다면 모든 것이 생태계라 정의될 수 있다. 이러한 개념의 모호성은 실제 생태계를 연구하는 사람에게도 종종 혼란을 가져온다. 마치 자연에서 수학적 모델을 구축하는 사람들이 경계조건Boundary condition의 설정이 모델 결과 자체에 큰 영향을 미칠 수 있다고 말하는 것처럼 생태계 개념도 그러하다. 명확히 경계를 정할 수 있는지의 여부가 생태계 연구 성패의 중요한 요소라는 뜻이다. 또 상대적으로 최근에 발전하고 있는 경관생태學Landscape ecology* 분야에서 보여주듯, 공간적 이질성은 생태계의 기능과 반응에 큰 영향

---

* 단어가 의미하는 바와 달리 이 학문은 조경과는 큰 관련이 없다. 경관이란 여러 상이한 생태계 조각으로 구성된 광역의 지표면을 의미하며, 생태계 조각의 물리적 배치와 이와 관련된 반응을 여러 규모의 측면에서 고려하는 학문을 말한다.

을 미치는데, 전통적인 생태계 개념은 이 점을 적절히 고려하기 쉽지 않다. 즉 자연을 동질적인 하나의 시스템으로 이해하려는 것이 기존의 생태계 개념 기저에 깔려 있다.

　두 번째는 생물종 개개의 존재와 역할이 명확히 표현되지 않음에 대한 비판이다. 실제로 상당수 군집생태학자들은 군집이라는 개념에 이미 무생물학적 요인들이 암묵적으로 고려되고 내재되어 있으므로 굳이 생태계라는 모호한 개념을 사용할 필요가 없다고 주장한다. 이들의 생각에 따르면 생태계란 환경론자들을 위한 수사적 표현에 지나지 않는다. 생태계생태학자의 관점에서 극단적으로 얘기하자면, 생태계 내에서 같은 기능을 하는 종들이 여럿 있다면 한두 종이 사라진다 해도 생태계의 역할에는 큰 변화가 없다는 결론에 도달할 수도 있다. 실제로 내가 현재 진행하고 있는 연구도 이와 유사한 문제에 봉착하고 있다. 우리나라 갯벌에 영국갯끈풀Spartina anglica이라는 외래종 식물이 급속도로 확산되면서, 갯벌에 서식하는 게나 다른 저서생물의 서식지가 사라지는 문제가 발생하고 있다. 그렇지만 생태계 기능의 측면에서 보면 늘어난 영국갯끈풀이 더 많은 탄소를 흡수한다면 그 탄소가 일종의 '블루 카본'이 될 수도 있다. 생태계를 구성하고 있는 생물의 종들을 기능적인 측면에서만 살펴본다면 환경 문제 해결에는 큰 도움이 될 수도 있지만, 생물다양성 혹은 생태계가 가지고 있는 내재적 가치가 훼손될 가능성이 높아진다. 책에서 반복해서 살펴본 바와 같이 생태계의 기능이란 에너지 흐름과 물질 순환이라는 두 측면에 집중되어 있다. 다른 기능이란 존재하지 않는 것일까? 생태계를 통해서 일어나고 있는 반응을 '정보'의 양으로 나타낼 수는 없을지에 대해서 오랫동안 고민해왔지만 아직도 명확한 통찰을 얻진 못했다.

세 번째는 생태계 개념을 전 지구적 수준으로 어떻게 확장하여 적용할 수 있을 것인지에 대한 문제다. 기술의 진보를 통해 이제는 전 지구적 수준의 생태계 관찰과 모델에 대한 가능성도 높아지고 있다. 앞에서 살펴보았던 미국의 NEON이 이러한 기대를 잘 보여준다. 인공위성 영상을 통한 원격 탐사, 생태계에서 유입, 유출되는 물질을 측정할 수 있는 다양한 미기상 및 화학적 분석 장비, 생물체의 유전적 특성을 짧은 시간에 다량으로 분석할 수 있는 차세대 염기서열 분석, 안정성 동위원소를 비롯하여 타 학문 분야에서 활용되던 기술의 적용 등이 그 대표적인 예이다. 그렇지만 여전히 생태계 연구의 전통인 '발로 뛰는' 현장 중심의 연구 결과와 전 지구 수준에서 일어나고 있는 현상을 연결 짓는 것 사이에는 큰 간극이 존재한다. 특히 개별 연구자들이 축적한 자료를 활용하여 전 지구 수준에서의 패턴을 찾아내는 것이 생태계 연구가 다음 단계로 도약하기 위해 절대적으로 필요한 수순이다. 현재 활용되고 있는 방법으로 여러 연구자의 결과를 통합하는 '메타분석Meta-analysis'과 같은 통계적 기법이나 '기계학습Machine-learning'과 같은 인공지능 기법의 활용 등을 들 수 있다. 이러한 방법을 통해 어찌 보면 너무 간단해 보이지만 누구도 정확히 모르고 있었던 새로운 사실들이 발견되고 있다. 예를 들어 지구상에 나무가 모두 몇 그루나 있냐는 질문에 우리는 얼마나 정확히 답할 수 있을까? 인공위성 영상 자료로 알 수 있는 지표면의 녹지 면적에 근거해서 이전에는 지구 전체에 약 4천억 그루 정도의 나무가 있는 것으로 알려져 있었다. 하지만, 인공위성 자료와 현장에서 자세히 실측한 자료를 토대로 기계학습을 거치자 실제로는 8배에 달하는 3조 그루의 나무가 존재함이 밝혀졌다(Crowther et al., 2015). 기술이 이렇게 빠르게 발전하고 있지만 아직도 지구 전체를 하나의 생태계로 파악하는 연구 방법에는 한계를 노정하고 있다.

이런 한계들에도 불구하고 생태계 개념과 연구 방법은 우리가 직면한 주요한 환경 문제 ― 기후변화와 생물다양성 파괴 ― 의 피해를 예측하고, 나아가 이 문제를 해결하는 근본적인 접근이 될 수밖에 없다. 이 책을 쓰고 있는 이 순간에도 지구는 기후변화로 큰 몸살을 앓고 있다. 아직도 내 머릿속에서 기후변화와 생태계의 관계가 화두인 이유이다.

이 책을 처음 시작한 2014년도 겨울, 나는 미국 동부에 1년 머무는 동안 20년 만에 닥친 추위를 경험하게 되었다. 기후변화가 일어나면 온도가 상승할 것으로 알려졌지만, 겨울에 북반구에는 '극지 소용돌이Polar vortex'라고 불리는 차가운 공기 덩어리가 밀고 내려오는 현상이 이때 처음 발견되었다. 크게 보면 지구의 평균 기온이 상승하고 있지만, 그보다 작은 규모에서는 크고 작은 '극한 기상' 현상들이 나타나고 있다. 아직도 많은 사람들이 기온 몇 도 올라가고 비가 조금 덜 온다고 이 광활한 대지나 자연이 크게 변할까 의심하기도 한다. 하지만 최근 발표된 연구 결과들을 보면 이렇게 작아 보이는 기후변화가 이미 생태계를 크게 바꾸고 있다.

미국 동부의 뉴저지주 중남부는 소나무 숲으로 유명하다. 그런데 지난 몇 년간 소나무에 감염되는 소나무좀Pine beetle이 퍼져서 엄청난 면적의 숲이 사라지고 있다. 우리나라에서도 소나무재선충 감염 때문에 여러 가지 대책을 세우고 있듯이, 여기서도 감염된 나무를 잘라야 하는지 아니면 농약이라도 쳐야 하는지 논쟁이 한창이다. 건강한 사람은 병원균에 약간 노출되어도 금방 회복되듯이 이 벌레가 침입해도 소나무는 밖으로 분비하는 수액을 통해 벌레를 배출하고 잘 견딘다. 그런데 벌레의 수가 너무 많아지면 나무줄기 속의 관에 구멍을 내서 영양분 이동을 방해하고, 결국 쌀알 크기도 안 되는 벌레들이 10미터 되는 나무들을 누렇게 죽게 만든다. 이렇게 소나무좀이 창궐하는 이유가 기후변화 때문이라는 것은 믿기 어려운 사실이다. 왜냐하면 뉴저지 지방의 평균 온도는 지난 100년간 1.4도 상승했을 뿐이기 때문이다. 이렇게 작은 온도 변화가 그 넓은 숲을 파괴할 수 있는 것일까? 비밀은 겨울의 극한 추위에 숨어 있다. 겨울철에 온도가 영하 20도까지 내려가기만 하면 이 벌레 알들이 대부분 죽어버려 다음 해에는 피해가 없다. 그런데 기후변화가 일어나면서 추운 겨울이 사라졌다. 뉴저지의 경우 1996년에 마지막으로 추운 겨울이 지나간 후 극도로 추운 날은 드물어졌다. 즉 평균 기온의 상승은 미미하지만 극한으로 추운 날이 사라지자 2000년대 초반부터 소나무좀이 창궐하고 있는 것이다. 이렇게 숲이 파괴되면 단지 경치가 나빠지거나 목재가 없어지는 것처럼 직접적인 피해만 있는 것이 아니다. 이 작은 벌레 때문에 산림에 저장된 탄소가 파괴되어 대기로 배출되고 기후변화가 더욱 가속화된다는 사실도 이미 밝혀졌다.

기후변화와 관련된 또 하나의 흥미로운 연구 결과는 미국 플로리다 지방의 바닷가에서 볼 수 있는 맹그로브, 우리말로 '홍수림紅樹林'이라고 부르는 생태계의 확산이다. 원래 이 생태계는 따뜻한 바닷가에서 발견되는데 지난 30여 년간의 인공위성 영상을 분석해본 결과 플로리다의 북위 27도 이상의 지역에서 홍수림의 면적이 엄청나게 증가하는 것이 확인되었다. 이런 변화의 원인은 여러 가지로 생각해 볼 수 있다. 플로리다 지방의 평균 기온 상승이 원인일 수도 있고, 바닷물의 높이가 높아지는 것, 해안가의 수질이 더러워지는 것도 원인일 수 있다. 또 사람들이 농경지나 도시를 계속 개발하는 것도 의심되는 원인 중 하나다. 그런데 최근 발표된 논문의 분석 결과를 보면 플로리다 홍수림의 확장은 바로 일 년 중 영하 4도가 되는 날이 며칠이나 되는가에 달려 있다. 만일 영하 4도 이하가 되는 날이 늘어나면 홍수림에 사는 식물들이 견디지 못하지만, 이 날짜가 감소하면 식물들이 하나둘씩 자라나기 시작하고, 십수 년 내에 새로운 홍수림이 등장하게 되는 것이다. 우리에게는 일 년 중 추운 날 하루 이틀이 더 있느냐 없느냐의 문제지만 자연에게는 수백 제곱킬로미터 면적의 생태계가 등장하고 사라지는 문제이다.

기후변화에 의해 자연이 변형되고 영향을 받는 것은 더 이상 선형적인 반응이 아니다. 앞서 살펴본 것처럼 자연 생태계는 파국 이론에 따라 작은 요동에도 전혀 다른 상태로 급변할 수 있다. 생태계라는 복잡한 얼개 속에서 다양한 생물학적 무생물학적 요인이 상호 작용을 하는 결과이다. 여기에 인간이라고 하는, 미증유의 생물종이 미치는 영향은 생태계에 대한 이해를 더욱 어렵게 만들고 그 존재 자체를 위협하고 있는 상황이다. 지금 이 순간에는 코로나 바이러스가 지구 전체에 걸쳐 인류 존재 자체에 대한 새로운 고민을 안기고 있다. 생태계 개념이 코로나 바이러스의 극복 혹은 공존에 대한 어떠한 도움이라도 줄 수 있을 것인가? 또 바이러스 문제가 극복된 후에는 기후변화를 이겨내고 지속 가능한Sustainable 사회를 만들어낼 수 있을 것인가?

탠슬리가 처음 생태계라는 단어를 제안했을 때 이 용어가 이런 심각한 문제에까지 연결될 것이라고는 꿈에도 생각하지 못했을 것이다. 생태계라는 용어와 개념에 대한 지속적인 연구와 열린 자세는 여전히 유효하다.

참고문헌

Bandurski BL., 1973, Ecology and economics-partners for productivity.
The Annals of the American Academy of Political and Social
Science 405. pp.75-94.

Bar-On YM, Philips R, Milo R., 2018, "The biomass distribution on
Earth", Proceedings of National Academy of Sciences of the USA
115. pp.6506-6511.

Clements FE., 1936, "Nature and structure of the climax", Journal of
Ecology 24. pp.252-284.

Costanza R, d'Arge R, de Groot R, Farber S, Grasso M, Hannon B,
Limburg K, Naeem S, O'Neill RV, Paruelo J, Raskin RG, Sutton P,
van den Belt M., 1997, "The value of the world's ecosystem services
and natural capital", Nature 387. pp.253-260.

Crowther TW, Glick HB, Covey KR, Bettigole C, Maynard DS, Thomas
SM, Smith JR, Hintler G, Duguid MC, Amatulli G, Tuanmu MN, Jetz
W, Salas C, Stam C, Piotto D, Tavani R, Green S, Bruce G, Williams
SJ, Wiser SK, Huber MO, Hengeveld GM, Nabuurs GJ, Tikhonova E,
Borchardt P, Li CF, Powrie LW, Fischer M, Hemp A, Homeier J, Cho
P, Vibrans AC, Umunay PM, Piao SL, Rowe CW, Ashton MS, Crane
PR, Bradford MA., "Mapping tree density at a global scale", Nature
525. pp.201-205.

Freeman C, Ostle N, Kang H., 2001, "An enzymic 'latch' on a global
carbon store", Nature 409. pp.201-205

Freeman C, Fenner N, Ostle NJ, Kang H, Dowrick DJ, Reynolds B, Lock
MA, Sleep D, Hughes S, Hudson J., 2004, "Export of dissolved
organic carbon from peatlands under elevated carbon dioxide
levels", Nature 430. pp.195-198.

Haeckel E., 1866, General Morphology (Generelle Morphologie der

Organismen). Druc und Verlag von Georg Reimer, Berlin.

Kang H, Kwon MJ, Kim S, Lee S, Jones TG, Johncock AC, Haraguchi A, Freeman C., 2018, "Biologically driven DOC release from peatlands during recovery from acidification", Nature Communications 9. pp.3807

King GM., 2015, "Carbon monoxide as a metabolic energy source for extremely halophilic microbes: Implications for microbial activity in Mars regolith", Proceedings of National Academy of Sciences of the USA 112. pp.4465-4470.

Koh I, Lonsdorf EV, Williams NM, Brittain C, Isaacs R, Gibbs J, Ricketts TH., 2016, "Modeling the status, trends, and impacts of wild bee abundance in the United States", Proceedings of National Academy of Sciences of the USA 113. pp.140-145.

Lindeman RL., 1942, "The trophic-dynamic aspect of ecology", Ecology 23. pp.399-417.

Moore S, Evans CD, Page SE, Garnett MH, Jones TG, Freeman C, Hooijer A, Wiltshire AJ, Limin SH, Gauci V., 2013, "Deep instability of deforested tropical peatlands revealed by fluvial organic carbon fluxes", Nature 493. pp.660-663.

Mora C, Tittensor DP, Adl S, Simpson AGB, Worm B., 2011, "How many species are there on Earth and in the Ocean?", PLoS Biology 9. e1001127.

Nichols JE, Peteet DM, 2019, "Rapid expansion of northern peatlands and doubled estimate of carbon storage", Nature Geoscience 12. pp.917-921.

Odum EP. 1953. Fundamentals of Ecology. Philadelphia, Saunders.

Range F, Horn L, Viranyi Z, Huber L. 2009. The absence of reward induces inequity aversion in dogs. Proceedings of National Academy of Sciences of the USA 106. pp.340-345.

Scheffer M, Bascompte J, Brock WA, Brovkin V, Carpenter SR, Dakos V,

Held H, van Nes EH, Rietkerk M, Sugihara G., 2009, "Early-warning signals for critical transitions", Nature 61. pp.53-59.

Scurlock JMO, Johnson K, Olson RJ., 2002, "Estimating net primary productivity from grassland biomass dynamics measurements", Global Change Biology 8. pp.736-753.

Sender R, Fuchs S, Milo R., 2016, "Revised estimates for the number of human and bacteria cells in the body", PLoS Biology 14(8). e1002533.

Sobczak WV., 2005, Lindeman's trophic-dynamic aspect of ecology: "Will you still need me when I'm 64?", Limnology and Oceanography Bulletin 14. pp.53-57.

Tansley, AG., 1935, "The use and abuse of vegetational terms and concepts", Ecology 16. pp.284-307.

Tilman D, Knops J, Wedin D, Reich P, Ritchie M, Siemann E., 1997, "The Influence of functional diversity and composition on ecosystem processes", Science 277. pp.1300-1302.

van Groenigen, KJ, Qi X, Osenberg CW, Luo Y, Hungate BA., 2014, "Faster decomposition under increased atmospheric CO2 limits soil carbon storage", Science 344. pp.508-509.

Yuan J, Xiang J, Liu D, Kang H, He T, Kim S, Lin Y, Freeman C, Ding W, 2019, "Rapid growth in greenhouse gas emissions from the adoption of industrial-scale aquaculture", Nature Climate Change 9. pp.318-322.

부록: 눈으로 보는 생태계

S-1 제2장 중 '탄소 순환과 기후변화'에서 소개된 이산화탄소 증가를 모의하기 위한 실험 장치들이다.

[왼쪽 위] 초기에 사용되던, 냉장고와 같은 챔버. 내부에 이산화탄소를 뿜어 넣고 외기 교체를 차단한다.

[왼쪽 아래] 솔라돔. 온실처럼 태양빛에 노출시키고 바깥 공기를 불어 넣어주는 것을 기본 원리로 하여 여기에 이산화탄소를 투입하는 형태의 설비다.

[오른쪽 위] 'Open-top chamber'. 자연 생태계의 현장에 위가 뚫린 천막 같은 구조물을 설치하고 내부를 향해 이산화탄소를 내뿜는 설비다.

[오른쪽 아래] FACE. 중앙에서 연속으로 측정한 이산화탄소 농도와 풍향, 풍속을 바탕으로 사방에서 뿜어져나오는 이산화탄소의 양을 조정하고 텅 빈 공간의 이산화탄소 농도를 높게 유지할 수 있는 설비다.

S-2 가장 쉽게 접할 수 있는 생태계인 산림의 모습들이다.

[왼쪽 위] 단풍나무, 참나무 등 낙엽이 지는 활엽수로 구성된 미국 위스콘신주의 활엽수림
[왼쪽 아래] 소나무로 구성된 우리나라 광릉의 침엽수림
[오른쪽] 푸에르토리코 엘 윤케 국립공원의 열대우림

S-3 습지는 물이 고여있다는 공통점을 가진 생태계인데 지역과 수리적 특성에
　　따라 내륙에서는 매우 다양한 형태로 나타난다.

[왼쪽 위] 영국 웨일즈에 있는 '보그Bog'라고 부르는 '이탄형' 습지로 스패그넘이라 부르는 이끼류가 우점종이고, 토양의 유기물 함유량이 많다.

[왼쪽 아래] 우리나라에서 흔히 볼 수 있는 '소택지형' 습지로 물에 떠 있는 부엽식물이나 갈대와 같은 종류들이 우점종이다.

[오른쪽] 미국 루이지애나에서 볼 수 있는 '늪지형' 습지로 사이프러스Taxodium distichum라 불리는 아주 큰 나무들이 존재한다.

S-4 연안에서 발견되는 습지의 유형들이다.

[위] 갈대Phragmites australis와 붉은색 칠면초Suaeda japonica가 대조를 이루고 있는 우리나라 순천만의 모습. 갯줄풀Spartina alterniflora과 같은 외래 침입종이 발견되기도 한다.
[아래] 미국 뉴저지주의 연안습지. 이 지역에서는 갯줄풀이 고유종이며, 반대로 갈대가 침입종으로 여러 가지 생태적 문제를 일으키고 있다.

[위] 홍콩 마이포 갯벌의 모습으로 큰 식생은 없지만 지표식물이 자라고 있다.
[아래] 우리나라 강화도 갯벌로 표면에는 눈에 보이는 식생이 전혀 없이 점토와 모래로 구성
되어 있다.

S-5 평균 기온이 높은 바닷가에서는 홍수림Mangrove이 나타날 수 있다. 높은
염도와 산소가 부족한 환경을 견뎌낼 수 있는 암홍수Kandelia, 홍수붙이
Avicennia, 팔중산홍수Rhizophora 등 몇몇 종류의 식물이 우점종이다.
오래전에는 경제적 가치가 없는 생태계로 생각되어 개발을 위해서 많은
파괴가 일어났으나, 쓰나미와 같은 큰 파도의 에너지를 소산시킬 수 있는
자연 방파제 기능을 한다는 것과 다량의 탄소를 저장하는 기능이 있다는
것이 알려지면서 복원 보호 연구가 널리 수행되고 있다.

[왼쪽 위] 적도에 가까운 싱가포르의 홍수림

[왼쪽 아래] 중국 선전深圳의 홍수림

[오른쪽 위] 홍수림이 나타날 수 있는 가장 고위도 지역인 일본 오키나와의 홍수림

[오른쪽 아래] 남반구 호주의 케언스 지방에 존재하는 홍수림

S-6 북극의 영구동토층 지역으로 토양의 평균 온도가 2년 연속 0도 이하인 지역이 이에 해당된다.

[**왼쪽 위**] 미국 알래스카주의 도시 놈^{Nome}의 영구동토층으로 여름철에는 표면의 식생이 상대적으로 왕성히 자라서 토양 속에는 분해되지 않은 유기물이 다량 축적되어 있다. 사진 속 동물은 사향소^{Muskox}로 알래스카, 캐나다, 스칸디나비아 반도, 시베리아 등에 서식한다.

[**왼쪽 아래**] 캐나다 케임브리지만^灣 부근의 영구동토층으로 유기토양과 무기토양이 혼재되어 있다.

[**오른쪽**] 노르웨이령^領 스발바르 군도의 영구동토층으로 지표에는 이끼와 지의류가 일부 서식하고 토양은 주로 무기질로 구성되어 있다.

S-7 인간의 활동으로 한두 종류의 식물이 우점종으로 자리 잡은 농업 생태계의
    모습들이다.

[위] 갈벼가 자라는 중국의 논
[아래] 제주도의 녹차밭

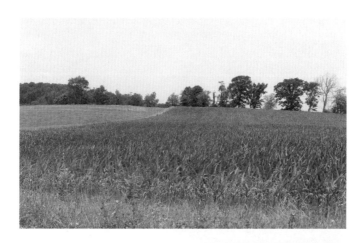

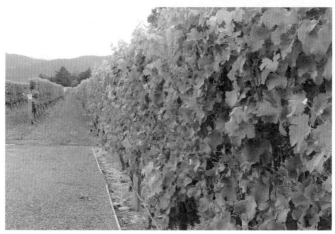

[위] 미국 버지니아주의 옥수수밭
[아래] 뉴질랜드의 포도밭

함께 읽으면 좋은 이음의 책

스피노자의 거미: 자연에서 배우는 민주주의
박지형 | 15,000원

"자연에서 민주주의를 배울 수 없을까?" 생태학자인 저자는 이런 생각으로 출발해 인류 근대사를 비판적으로 성찰한다. 자연 생태계와 인간 사회의 구성 원리를 설명하는 다양한 사상과 이론을 제시하면서, 종 다양성을 유지하는 공존의 생태계로 독자를 인도한다. 근대적 민주주의의 대안을 찾는 생태적 상상력의 가능성을 보여주는 책이다.

사람의 자리: 과학의 마음에 닿다
전치형 | 13,000원

과학은 무엇이고, 어디에 있어야 하고, 누구의 편이어야 하는가. 이 책은 세월호 참사에서 공장실습생 이민호 씨의 죽음까지 사회적 사건들을 두루 살피며 과학의 소용과 윤리를 성찰한다. 카이스트 과학기술정책대학원 교수로서 과학과 사회의 접점을 넓히는 일을 해오 저자는 "살 만한 곳을 만드는 도구로서의 과학"의 가능성을 함께 상상하자고 제안한다.

자연기계: 인간과 자연, 환경과 과학기술에 대한 거대한 질문
리처드 화이트 | 15,000원

환경사environmental history 분야의 살아 있는 별이 된 명저인 이 책은 자연과 인간의 관계를 제고하는 환경사, 과학기술사 분야를 대표한다. 따라서 자연, 인간, 환경 문제에 주목하는 다양한 방법론의 세미나 및 다학제적 사고를 교육할 목적으로 개설된 신입생 세미나 등의 필독서로서, 현재 100개가 넘는 미국의 주요 학교에서 이 책을 사용하고 있다.

다양성을 엮다
파국 앞에 선 인간을 위한 생태계 가이드
ⓒ강호정 2020

지은이	강호정	처음 펴낸 날	
펴낸이	주일우	2020년 11월 13일	
편집	김소원		
아트디렉팅	박연주	3쇄 펴낸 날	
디자인	권소연	2023년 10월 4일	
홍보	김예지		
지원	추성욱		
인쇄	삼성인쇄		

펴낸곳	이음	전자우편	
출판등록	제2005-000137호 (2005년 6월 27일)	editor@eumbooks.com	
주소	서울시 마포구 월드컵북로1길 52, 운복빌딩 3층	홈페이지	
전화	02-3141-6126	www.eumbooks.com	
팩스	02-6455-4207	인스타그램	
		@eum_books	

ISBN 979-11-90944-06-9 03470
값 17,000원

＊

이 도서는 환경부·국가환경교육센터의 환경도서 출판 지원사업 선정작입니다.

＊

이 도서의 국립중앙도서관 출판예정도서목록(CIP)은 서지정보유통지원 시스템 홈페이지
(http://seoji.nl.go.kr)와 국가자료공동목록시스템(http://www.nl.go.kr/kolisnet)에서
이용하실 수 있습니다. (CIP제어번호: CIP2020045502)